船体加工与装配虚拟仿真实训

主　编　郭　佳　王　宏　夏志刚
副主编　肖　雄　张远双
　　　　朱显玲　张之赟

哈尔滨工程大学出版社
Harbin Engineering University Press

内容简介

本书为国家虚拟仿真实训基地培育项目重点规划教材，按照船舶工程技术专业的核心课程“船体加工与装配”课程标准的要求编写，解决了实训教学的“三高三难”问题。全书分7个项目共计13个任务，全部以活页形式呈现，并可以根据虚拟仿真软件的实际内容有针对性地进行任务拓展，主要内容包括虚拟智慧船厂认识实训，以及船体分段结构、零件加工工艺、组立装配工艺、分段建造工艺、船舶总段装配工艺、船坞搭载、船舶下水虚拟仿真实训。

本书可作为高职船舶工程技术专业的教材，也可以作为船舶企业职工的上岗培训教材。

图书在版编目(CIP)数据

船体加工与装配虚拟仿真实训/郭佳，王宏，夏志刚主编. —哈尔滨：哈尔滨工程大学出版社，2022. 9

ISBN 978-7-5661-3666-4

Ⅰ. ①船… Ⅱ. ①郭… ②王… ③夏… Ⅲ. ①船体-加工-计算机仿真-职业教育-教材 ②船体装配-计算机仿真-职业教育-教材 Ⅳ. ①U671

中国版本图书馆CIP数据核字(2022)第150075号

船体加工与装配虚拟仿真实训

CHUANTI JIAGONG YU ZHUANGPEI XUNI FANGZHEN SHIXUN

选题策划 雷　霞
责任编辑 丁　伟
封面设计 李海波

出版发行 哈尔滨工程大学出版社
社　　址 哈尔滨市南岗区南通大街145号
邮政编码 150001
发行电话 0451-82519328
传　　真 0451-82519699
经　　销 新华书店
印　　刷 哈尔滨午阳印刷有限公司
开　　本 787 mm×1 092 mm　1/16
印　　张 8
插　　页 9
字　　数 233千字
版　　次 2022年9月第1版
印　　次 2022年9月第1次印刷
定　　价 34.00元

http://www.hrbeupress.com
E-mail:heupress@hrbeu.edu.cn

前　言

进入21世纪以来,“职业教育与经济社会发展紧密相连,对促进就业创业、助力经济社会发展、增进人民福祉具有重要意义。”国家积极推动职业教育高质量发展,2019年国务院印发了《国家职业教育改革实施方案》,该方案明确要求“运用现代信息技术改进教学方式方法,推进虚拟工厂等网络学习空间建设和普遍应用。”教育部、财政部印发了《关于实施中国特色高水平高职学校和专业建设计划的意见》,该意见明确提出“提升师生信息素养,建设智慧课堂和虚拟工厂,广泛应用线上线下混合教学,促进自主、泛在、个性化学习。”

2021年,“双高计划”院校武汉船舶职业技术学院在建的“船舶智能制造虚拟仿真实训基地”成为“国家级虚拟仿真实训基地培育项目”,学院集中船舶工程技术专业群优势师资力量,探索基于虚拟仿真技术、能够解决船舶与海洋工程装备类专业实训“三高三难”问题的实训教学改革方式,校企共研系列船舶工程领域相关的虚拟仿真实训教学软件,并计划形成包括本书在内的一套虚拟仿真实训丛书,用于虚拟仿真实训教学。本书的特色及创新点如下:

1. 新形态教材。本书以纸质为载体,采用活页式装订,融合虚拟仿真数字资源、互联网资源,结合软件能开展百余项实训任务,实现了活页式教材真正地“活起来”。

2. 体系新。本书以船体建造的基本流程为主线,融入产业发展的新技术、新工艺、新规范、新标准、工作岗位(群)技能新要求,将虚拟仿真技术同船体加工与装配工艺合为一体,推动以虚拟仿真为基础的,以真实生产项目、典型工作任务、案例等为载体的实训教学。

3. 应用性强。由于船舶工程的特殊性,无法在校园中再现复杂的造船过程,本书结合配套虚拟仿真实训软件和交互外设等,彻底打破时空限制,使学习者可进入虚拟的船厂,如身临制造现场一般,参与造船全过程。本书遵循“以任务为驱动、以项目为引领”,内容编排科学,配套资源丰富,呈现形式灵活,书中的13个典型实训任务均配备了基于互联网的虚拟仿真动画,使没有相关软件和设备的学习者,也能完整体验虚拟仿真造船过程,并完成实训任务。

4. 校企合作。本书围绕国家“海洋强国”重大战略,遵循“校企合作、产教融合”的职教方针,与上海志鹏科技有限公司等企业合作,保证教材内容与企业实际相符合,保障理论知识、岗位能力与正确价值观培养的有机结合,体现实训教学改革和“双高计划”专业群建设最新成果。

本书由武汉船舶职业技术学院船舶工程技术专业负责人郭佳副教授、渤海船舶职业学院王宏教授、武汉船舶职业技术学院夏志刚担任主编,九江职业技术学院肖雄、武汉船舶职业技术学院张远双和朱显玲、上海志鹏科技有限公司张之赟担任副主编。本书在编写过程中还得到了上海志鹏科技有限公司秦佳俊，以及上海船舶工艺研究所吕建军等专家的协助，同时也参考了很多同行和学者的文献著述，在此一并表示感谢！

由于编者的水平有限，虚拟仿真技术发展日新月异，书中难免存在疏漏和不妥之处，恳请各位读者批评指正，以便在今后的教学及再版时得以修正。

编　者

2022 年 7 月

资 源 清 单

序号	资源名称			大约时长/min
1	项目一	动画 1.1	虚拟船厂操作界面使用介绍	2
2		动画 1.2	虚拟船厂导览模式厂区全览	5
3		动画 1.3	虚拟船厂导览模式联合厂房	11
4		动画 1.4	虚拟船厂导览模式平面厂房	2
5		动画 1.5	虚拟船厂导览模式曲面厂房	2
6		动画 1.6	虚拟船厂导览模式船坞码头	17
7		动画 1.7	平面厂房内开展的建造工艺介绍	13
8		动画 1.8	曲面厂房内开展的建造工艺介绍	16
9		思政视频 1.1	青岛北海造船有限公司介绍	7
10		思政视频 1.2	大连中远海运川崎船舶工程有限公司介绍	9
11	项目二	动画 2.1	“船体结构”模块操作方法	2
12		动画 2.2	船体结构分段整体介绍	2
13		动画 2.3	“船体结构”模块使用	2
14		思政视频 2.1	上海外高桥造船有限公司信息化造船	6
15	项目三	动画 3.1	“钢料加工”模块基本操作方法	3
16		动画 3.2	分段 101 典型零件关系	5
17		动画 3.3	分段 203 典型零件关系	5
18		动画 3.4	分段 325 典型零件关系	5
19		动画 3.5	分段 427 典型零件关系	3
20		动画 3.6	分段 601 典型零件关系	3
21		动画 3.7	工艺流程训练操作方法	4
22		动画 3.8	101_GR0E_K326 零件加工	6
23		动画 3.9	101_FDWBSZ_S1009_L 零件加工	6
24		动画 3.10	325_35_FR100C_S171 零件加工	6
25		动画 3.11	427 - LB2A - K171 零件加工	7
26		动画 3.12	347_000_A1005 零件加工	7
27		动画 3.13	603_S1101 零件加工	6
28		思政视频 3.1	一个零件导致的重大事故	16
29		思政视频 3.2	“蓝鲸号”——国产钢材	6

续表

序号	资源名称			大约时长/min
30	项目四	动画 4.1	“组立装配”模块操作方法	2
31		动画 4.2	“组立装配工艺实训”模块操作方法	3
32		动画 4.3	101_GR0E 组立装配	4
33		动画 4.4	203_BS1A_HA 组立装配	6
34		动画 4.5	203_FR72A 组立装配	2
35		动画 4.6	427_SL1B 组立装配	5
36		动画 4.7	347_FR236B 组立装配	2
37		动画 4.8	601_FR9A_SM 组立装配	6
38		动画 4.9	603_TB05A_MH 组立装配	5
39		思政视频 4.1	超级工程——全船建造工艺	6
40		思政视频 4.2	大国工匠——“蛟龙号”观察窗	7
41	项目五	动画 5.1	“分段建造”模块操作方法	3
42		动画 5.2	101 分段装配工艺	14
43		动画 5.3	203 分段装配工艺	11
44		动画 5.4	325 分段装配工艺	15
45		动画 5.5	427 分段装配工艺	8
46		动画 5.6	524 分段装配工艺	9
47		动画 5.7	601 分段装配工艺	11
48		动画 5.8	船舶总组——底部分段总组工艺	3
49		动画 5.9	船舶总组——上层建筑总组工艺	4
50		思政视频 5.1	世界最大集装箱船的建造	6
51		思政视频 5.2	港珠澳大桥——智能制造	5
52		思政视频 5.3	“天鲲号”——码头总组	2
53	项目六	动画 6.1	串联建造法	2
54		动画 6.2	总段建造法	2
55		动画 6.3	塔式建造法	2
56		动画 6.4	岛式建造法	2
57		思政视频 6.1	“蓝鲸号”——万吨起吊	8
58	项目七	动画 7.1	船坞下水	3
59		动画 7.2	倾斜式(纵向钢珠滑道)下水	2
60		动画 7.3	气垫下水	4
61		动画 7.4	牵引式(横向机械滑道)下水	2
62		思政视频 7.1	中国企业的全球化故事——中远川崎	8
合计				358

项目序号	图示数量/张	全书图示原图(彩色) 下载二维码
项目一	13	
项目二	27	
项目三	32	
项目四	53	
项目五	44	
项目六	5	
项目七	5	
全书图示数量合计	179	

目　　录

项目一　虚拟船厂与船舶建造工艺概述

一、项目目标

1. 掌握虚拟船厂软件的操作方法。
2. 熟悉船舶建造工艺的主要作业内容。

二、项目任务

1. 掌握虚拟船厂的导览模式、飞行模式和漫游模式操作方法,能在虚拟船厂中进行模拟参观,了解船舶的建造工艺。

2. 掌握船舶建造工艺的基本概念,并通过虚拟船厂实训,熟悉组立装配、分段建造等主要船舶建造工艺环节的作业内容。

三、课时计划

序号	实训任务	课时计划		
		教学做	活页训练	合计
1.1	虚拟船厂初步认识	1	2	3
1.2	虚拟智慧船厂认识实训	1	4	5
合计		2	6	8

实训任务 1.1　虚拟船厂初步认识

1.1.1　实训目标

掌握虚拟船厂软件的操作方法。

1.1.2　实训内容

(1)掌握虚拟船厂的导览模式,了解造船的工艺工程。
(2)熟悉虚拟船厂的飞行模式,认识船厂的布局。
(3)熟悉虚拟船厂的漫游模式,能在虚拟船厂中进行模拟参观。

1.1.3 实训指导

1. 虚拟船厂简介

本书内容所依托的船舶制造场景是根据中国船舶集团青岛北海造船有限公司(图 1.1)按1:1 比例建模的厂区,并基于国内先进船厂的布局,结合船舶智能制造要求,虚拟仿真构建的新一代虚拟船厂。虚拟船厂厂区分为环境、布局和建筑三部分:环境包括厂区外部的蓝天、大海、远山、楼房等;布局为厂区的地形、绿化、空地和道路等;建筑包括厂区内所有建筑物,如厂房、办公楼、食堂等。虚拟船厂主要展示船体生产装配相关的车间及内部的布局和设备。

图 1.1　中国船舶集团青岛北海造船有限公司俯瞰图

中国船舶集团青岛北海造船有限公司具有建造各类民用商船和海洋工程及浮式结构的能力,尤其擅长建造超级油轮、大型散装货船、超大型矿砂船、超级 FPSO 等海洋工程装备;年造船能力 300 万载重吨,年修船 212 艘,生产救生艇 500 艘,建造海洋平台 4 座。

在厂区布局中,东部是配备国内一流造船生产流水线、厂房面积达数十万平方米的船舶分段制造区;西部昂然矗立的 4 台 800 吨门式起重机与气势恢宏的 50 万吨级、30 万吨级造船大坞交相辉映,构成整个造船区域;北部是拥有国内最大最长 30 万吨修船坞、15 万吨修船坞和 10 万吨浮船坞的修船区,同时配置一台 500 吨门式起重机;东南部是在研发、生产救生设备领域占据世界重要地位的游艇船机区;东北部是建有 30 万吨级海工建造坞、六联跨钢结构车间、五联跨模块车间、四喷九涂涂装车间和大型总装场地的海工区。

2008 年至今,中国船舶集团青岛北海造船有限公司已批量交付 18 万吨散货船 40 余艘,该船型先后被评为“青岛名牌”和“山东名牌”,被誉为“中国型散货船”;承建交付 8.2 万吨散货船 10 余艘;成功建造全球首制 25 万吨矿砂船,现已累计交付 12 艘,其中“山东政通”轮入选 2015 年世界最佳 50 艘船舶,成为新一代超大型矿砂船的设计建造标杆,该船型还荣获中国造船工程学会科学技术一等奖;成功交付 11.3 万吨成品油轮 2 艘、40 万吨超大型矿砂船 8 艘、32.5 万吨矿砂船 9 艘、21 万吨散货船 6 艘、6.4 万吨木屑船 4 艘。

海工装备方面,中国船舶集团青岛北海造船有限公司先后建造交付“齐鲁第一船”——10 万吨级“海洋石油 115”海上浮式生产储卸油轮、“亚洲第一驳”——3 万吨导管架下水专用驳和国内最大的座底式海洋钻井平台——“中油海 33”等 10 余座平台；交付中海油公司首座自营开发的“海洋石油 119”海上浮式生产储卸油轮项目；继为美国建造的 55 000 长吨[①]浮船坞投产使用后，又完工交付 7 万长吨浮船坞；为俄罗斯建造的 4 万吨举力浮船坞顺利交付；目前，正在批量建造 21 万吨散货船、32.5 万吨超大型矿砂船、全球首艘 10 万吨级智慧渔业大型养殖工船、俄罗斯大型浮船坞和 3 500 吨起重船。

2. 虚拟船厂操作界面

进入虚拟船厂的界面如图 1.2 所示，在虚拟船厂中提供了三种船厂认识模式：导览、飞行、漫游。三种模式可以通过小地图上方的按钮进行切换，当前激活的模式按钮背景会有不同的显示。在小地图上会显示第一人称的位置信息，由小红点标出。界面右上方有“暂停”“返回”按钮，点击“返回”按钮可以返回上一级主菜单。

图 1.2 虚拟船厂操作界面

3. 导览模式操作指南

导览模式是通过规划好的行进路线对船厂及设备进行讲解。在导览模式中会有地标指引前进方向，按住鼠标右键可以控制视角旋转。导览模式中(图 1.3)，在观看设备动画或播放介绍语音时，可通过点击“跳过”按钮，跳过当前动画或语音，继续进行导览；通过点击“暂停/播放”按钮，可以暂停或重新开始对虚拟船厂的导览过程；通过点击“返回”按钮会返回厂区，但是浏览模式不会改变。

4. 飞行模式操作指南

飞行模式是在固定的高度俯瞰整个厂区，通过 W、A、S、D 键控制前、左、后、右，按住鼠标右键控制视角旋转。飞行模式下，移动到厂房上方时，可以观察到厂房内的设备与厂房(场地)铭牌，同时当正下方有建筑物时，不能切换浏览模式。

5. 漫游模式操作指南

漫游模式是以第一人称的形式在船厂进行游览。通过 W、A、S、D 键控制前、左、后、右，来控制虚拟人移动，按住鼠标右键旋转视角。漫游模式时，所有可交互的厂房(场地)及设备都有如图 1.4 所示的标识牌，移动到标识牌的前方时，可以进入对应厂房或播放对应设备的介绍及动画。

---

① 长吨为实行英制的国家采用的质量单位，1 长吨 =1 016 千克。

图 1.3　虚拟船厂导览模式界面

动画 1.1　虚拟船厂操作界面使用介绍

图 1.4　虚拟船厂漫游模式界面

思政视频 1.1　青岛北海造船有限公司介绍

6. 实训任务工作活页

前往“实训任务 1.1 工作活页”，开展实训并按活页要求完成记录。

实训任务 1.2　虚拟智慧船厂认识实训

1.2.1　实训目标

（1）掌握船舶建造工艺的分类及基本概念。

（2）通过虚拟船厂，熟悉船体建造工艺的主要作业内容。

1.2.2　实训内容

（1）掌握船舶建造工艺的基本概念。

（2）掌握船体建造的基本概念，并通过虚拟船厂实训，熟悉组立装配、分段建造等主要船体建造工艺环节的作业内容。

1.2.3　实训指导

1. 船舶建造工艺概述

船舶建造工艺长期以来被分为船体建造、轮机建造和电气建造作业三大类。20 世纪

70 年代后，由于分段建造法及预舾装造船工艺的普及，甲板舾装、轮机建造作业和电气建造作业逐渐合并为舾装建造作业；而随着 90 年代以来船舶超大型化引起的涂装工程大量增加，同时环保因素促使国际标准对船舶涂装质量要求的不断提高，船舶涂装技术得到迅速发展，使船舶涂装作业从舾装作业中分离出来，形成独特的船舶涂装生产作业系统。目前，通常把船舶建造工艺分为船体建造、船舶舾装和船舶涂装三种不同类型的制造技术。

以船体建造为主线，船舶建造工艺流程可简述为：钢材预处理→下料、自动化系统切割、钢料加工（零件制造）→船体部件制造→船体组立（部件/组件）制造→船体分段建造（预舾装）→船体总段建造→船舶总装、船坞搭载→船舶下水→码头舾装→船舶试航→交船。要注意的是，涂装建造和舾装建造是随着船体的建造同步实施的。详细船舶建造工艺流程如图 1.10 所示。

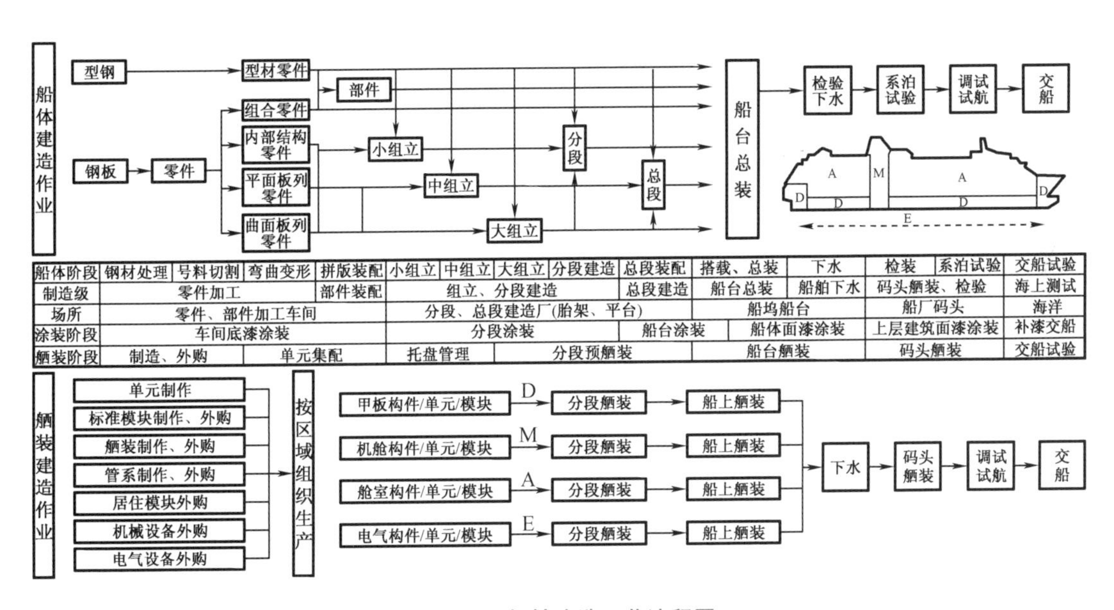

图 1.10　船舶建造工艺流程图

2. 船体建造

船体建造工艺就是加工制作船体构件，再将它们组装焊接成中间产品（部件、分段、总段），然后吊运至船台上总装成船体的工艺过程，其具体作业内容一般包括船体号料、船体构件加工、船体焊接、船体装配和船台总装等。

在虚拟船厂中，模拟了以船体建造为主的造船各个阶段的工艺过程，采用漫游模式可以到虚拟船厂的对应区域，对不同的造船工艺通过不同的角度进行参观，并听取对应的工艺介绍。该虚拟船厂的船体建造工艺流程如图 1.11 所示。

3. 船舶舾装

船舶舾装是指船体结构之外的船舶所有设备、装置和设施的安装工作，也可定义为“是对船体进行系统化处理和安装的生产活动”。船舶舾装按作业内容的不同，可以分为表 1.1 中的 14 项。

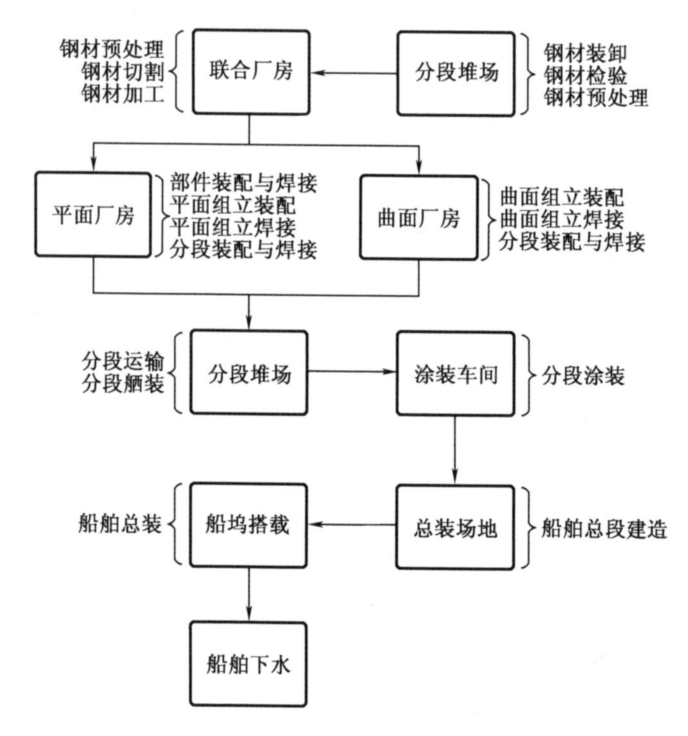

图 1.11　虚拟船厂船体建造工艺流程图

表 1.1　船舶舾装作业内容

序号	船舶设备、装置和舾装	内容简介
1	航行设备	船舶航行用的各种设备，包括各种航海仪器，通信设备以及声、光、形（如球形、锥形等）和旗等信号装置
2	舵设备	船舶操纵用的设备，包括舵叶、舵轴、舵柄、舵机和转舵机构等
3	锚设备	船舶在锚地停泊用的设备，包括锚机、锚链、掣链器、导链轮、弃链器、锚链管和锚等
4	系泊与拖曳设备	船舶在泊位停泊和在航行中拖带用的设备，包括导缆孔、导缆器、带缆桩、卷车和绞车等系泊设备；拖钩、弓架、承梁、拖缆孔、拖柱和拖缆绞车等拖曳设备
5	起货设备	船舶装卸货物用的设备，包括起货机、起重桅、吊杆、钢索、滑车和吊钩等
6	通道与关闭设备	船上通行和通孔关启用的设备，包括梯子、栏杆、各种门窗、人孔盖、舱口盖和货舱盖等
7	舱室设备	船员和旅客生活用的各种设备，包括家具、卫生用具、厨房设备、冷库设备和空调装置等
8	救生设备	船舶在海难中救生用的设备，包括救生艇、吊艇架、起艇机、救生筏、救生圈和救生衣等
9	消防设备	船上发生火警时报警和灭火用的设备，包括报警装置、自动喷水灭火系统、消防水龙、灭火器和消防杂件等
10	特种设备	横向侧推装置、防摇鳍、滚装跳板和集装箱绑扎装置、邮轮娱乐装置等

表 1.1(续)

序号	船舶设备、装置和舾装	内容简介
11	机舱舾装	船上产生动力用的各种设备和附属设施,例如,主机和轴系装置,发电机和附属装置,各种辅机、泵、锅炉、箱柜和各种铁舾装件等
12	电气舾装	船内电缆的敷设和电气设备的安装、接线、检查和调试等作业
13	防火绝缘处理	在舱壁、甲板、甲板顶面和围壁等表面涂敷防火材料或隔热隔音材料,使舱室与火源、热源和噪声源等隔离,为船员和旅客提供安全、舒适的工作和休息环境
14	舱室装饰处理	对围壁、天花板和地板等涂敷适当的涂料或敷料,或者选用和安装合适的预制板或复合板,以美化环境,增强舱室的适居性

4. 船舶涂装

船舶涂装是为了防止材料腐蚀,延长船舶寿命,对原材料、器件和船体等进行除锈、清理和涂漆等处理工程,它还具有外表装饰和船底防污等作用。

根据中间产品导向型的壳、舾、涂一体化的现代造船模式要求,船舶涂装作业方式应与船体建造的分段建造法和船舶舾装的区域舾装法相协调。其中船体涂装作业有钢材预处理、分段涂装、船上涂装和完工涂装等制造级。舾装单元和舾装件本身的涂装,应在单元舾装和舾装件制作的后期完成相应的涂装作业,通常在内场作业;而与船体连接的支架、基座、马脚等舾装件的涂装,属于分段涂装的范围。

5. 实训任务工作活页

前往“实训任务 1.2 工作活页”,开展实训并按活页要求完成记录。

项目二　船体结构认识

一、项目目标

1. 掌握船舶虚拟建造软件的操作方法。
2. 熟悉散货船的不同分段，并能识别典型分段组成构件的名称。

二、项目任务

1. 掌握船舶虚拟建造软件“船体结构”模块操作方法，能查看“阳光万里号”的三维虚拟仿真船体结构，认识该船的船体分段。
2. 掌握“阳光万里号”不同分段船体结构的名称。

三、课时计划

序号	实训任务	课时计划		
		教学做	活页训练	合计
2.1	认识“阳光万里号”散货船	1	1	2
2.2	船体分段结构虚拟仿真认识实训	1	1	2
合计		2	2	4

实训任务 2.1　认识“阳光万里号”散货船

2.1.1　实训目标

掌握船舶虚拟建造软件“船体结构”模块的操作方法和内容。

2.1.2　实训内容

掌握船舶虚拟建造软件“船体结构”模块操作方法，能查看“阳光万里号”的三维虚拟仿真船体结构，认识该船的船体分段。

2.1.3　实训指导

1. 船舶虚拟建造软件“船体结构”模块简介

进入船舶虚拟建造软件后，在整体功能模块界面中点击进入第一个模块“船体结构”

(图 2.1),即可进入“阳光万里号”散货船的“船体结构”模块的分段选择界面,查看该船的三维立体模型。

图 2.1　船舶虚拟建造软件整体功能模块界面

进入“阳光万里号”散货船的“船体结构”模块,通过点击 阳光万里号 按钮,“阳光万里号”散货船的每一个分段编码以下拉条的形式完整展现出来。通过点击“阳光万里号”散货船的各个分段编码,可以了解各个分段结构在船体上的位置,从而对该船体结构和分段编码有清晰的认识。例如点击“122”分段编码按钮,则“122”分段在三维模型中被红色高亮显示(图 2.2),此时可以清晰地查看到“122”分段在船体中的具体位置。

图 2.2　“船体结构”模块的分段选择界面

动画 2.1　“船体结构”模块操作方法

2. 实训任务工作活页

前往“实训任务 2.1 工作活页”,开展实训并按活页要求完成记录。

实训任务2.2 船体分段结构虚拟仿真认识实训

2.2.1 实训目标

通过“船体结构”模块，熟悉“阳光万里号”散货船的不同分段，并能识别典型分段的组成构件的名称。

2.2.2 实训内容

掌握“阳光万里号”散货船不同分段船体结构的名称。

2.2.3 实训指导

1.“船体结构”操作指南

进入船舶虚拟建造软件后，在整体功能模块界面中，点击进入第一个模块“船体结构”，此时双击分段编码，该船舶的分段将被单独显示（图2.16），并完整地展示该分段的三维立体全貌，通过“透明、回复、隐藏”等按钮，配合鼠标的移动、旋转和拉近拉远等操作，能进一步近距离、详细地观察各个分段的结构组成和特点（图2.17）。

图2.16 “船体结构”模块的使用界面

动画2.3 “船体结构”模块使用

具体操作流程：

①进入船体结构之后可以看到整船，在左侧列表中可以看到该船由多少个分段组成。按住鼠标右键拖动可以旋转，对分段不同角度进行查看，滑动滚轮可以调整大小。鼠标左键点击到整船，按住鼠标左键滑动，可拖动整船位置移动，如图2.16所示。

②单击选择左侧列表中的分段，则会显示出该分段在整船上的位置，且按钮变成高亮红色，如图2.17所示。

③双击选择左侧列表中的分段，则会显示单独的一个分段，按钮变成碧蓝色。按住鼠标右键拖动可以旋转对分段不同角度进行查看，滑动滚轮可以调整分段的大小，如图2.18所示。

④点击上方的“透明”按钮，分段则会变得透明，方便查看分段内部结构，如图2.19

所示。

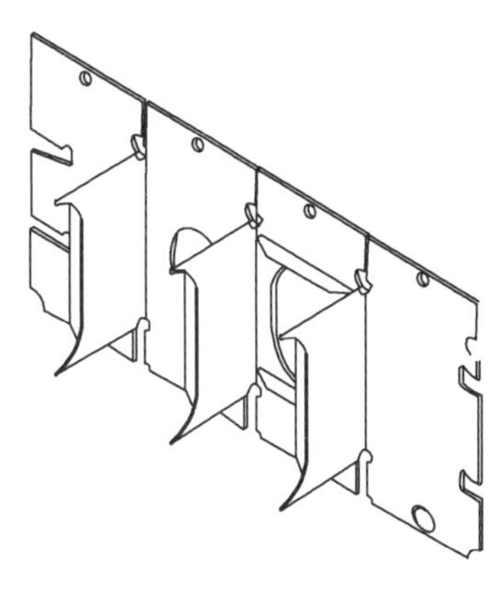

图 2.17　双层底 203 分段的横向主肋板

图 2.18　分段展示界面

图 2.19　“透明”按钮

⑤点击上方的“恢复”按钮恢复成最初的状态，如图 2.20 所示。

⑥鼠标左键点击分段，可以选择分段上的某一个零件或者某一块板，再点击上方的“隐藏”按钮可以将选中的零件或者板材隐藏掉。点击“恢复”按钮可以将分段恢复到初始状态，如图 2.21 所示。

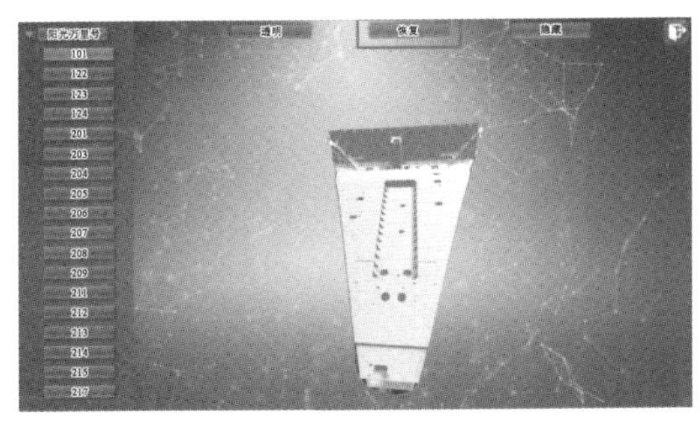

图 2.20　“恢复”按钮

图 2.21　“隐藏”按钮

2. 实训任务工作活页

前往“实训任务 2.2 工作活页”，开展实训并按活页要求完成记录。

项目三　船体钢料加工

一、项目目标

1. 掌握船舶虚拟建造软件“钢料加工”模块的操作方法，熟悉分段、组立、零件之间的关系。

2. 通过“钢料加工”模块虚拟仿真实训，掌握各项钢料加工工艺。

二、项目任务

1. 掌握船舶虚拟建造软件的“钢料加工”模块操作方法，熟悉“阳光万里号”散货船的典型分段的船舶分段、组立与零件的关系。

2. 掌握钢料加工的钢材预处理工艺、切割加工工艺、坡口加工工艺、单曲加工工艺、双曲加工工艺、折边加工工艺、冷弯加工工艺、平直边缘加工工艺。

三、课时计划

序号	实训任务	课时计划		
		教学做	活页训练	合计
3.1	认识钢料加工模块	0.5	1	1.5
3.2	零件加工工艺虚拟仿真实训	1.5	3	4.5
合计		2	4	6

实训任务3.1　认识钢料加工模块

3.1.1　实训目标

掌握船舶虚拟建造软件“钢料加工”模块的操作方法，熟悉分段、组立、零件之间的关系。

3.1.2　实训内容

掌握船舶虚拟建造软件的“钢料加工”模块的操作方法，熟悉“阳光万里号”散货船的典型分段的船舶分段、组立与零件的关系。

3.1.3　实训指导

1. 船舶虚拟建造软件“钢料加工”模块简介

一艘万吨级船舶通常由数十万个乃至数百万个零件组成，其中绝大部分为钢质零件，它们最初都是以钢料钢材的形式进入船厂的，在经过预处理、切割、弯板等多项钢料加工工艺处理后才成为船舶的最基本组成单位——“零件”，因此“钢料加工”工艺也可以称为“零件加工”工艺。“阳光万里号”散货船虚拟建造软件，选取了该船舶中形状各异的部分零件，在虚拟仿真的环境中，描述了如何将一块钢料加工成船舶所需零件的工艺过程。

进入船舶虚拟建造软件后，在整体功能模块界面中，点击进入第二个模块“钢料加工”，此时展开“阳光万里号”散货船的分段编码，双击分段编码时会展开该分段的部分组立编码，进一步双击组立编码将会看到部分零件编码，双击零件编码，即可在软件中看到对应的零件（图 3.1），此时右上角将出现“训练”按钮，点击即可进入该零件的工艺制造虚拟仿真学习过程。

图 3.1　“钢料加工”模块的操作界面

动画 3.1　“钢料加工”模块基本操作方法

以 101_GROE_K326 零件为例：在该零件选择的过程中，会经历从整船（“阳光万里号”散货船）到分段（101 分段，参见图 2.3），然后到组立（101_TT1B_HH 大组立，参见图 3.2），再到部件（101_GROE 中组立，参见图 3.3），最后到零件（101_GROE_K326，参见图 3.4）的选择关系。这一操作除了反映该零件在船上的具体位置外，也反映该零件如何参与“零件→部件→组立→分段→全船”的建造流程。

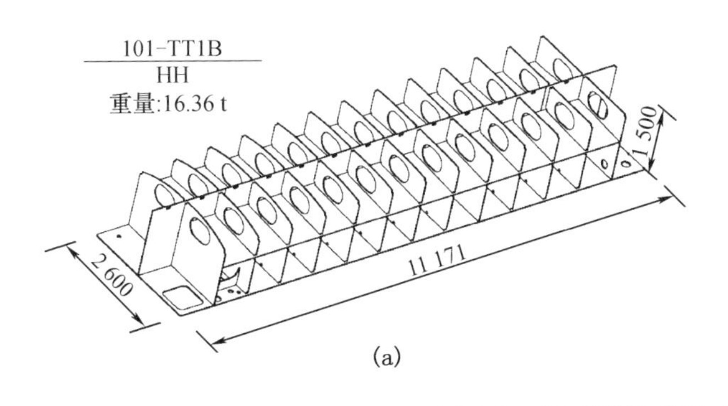

(a)

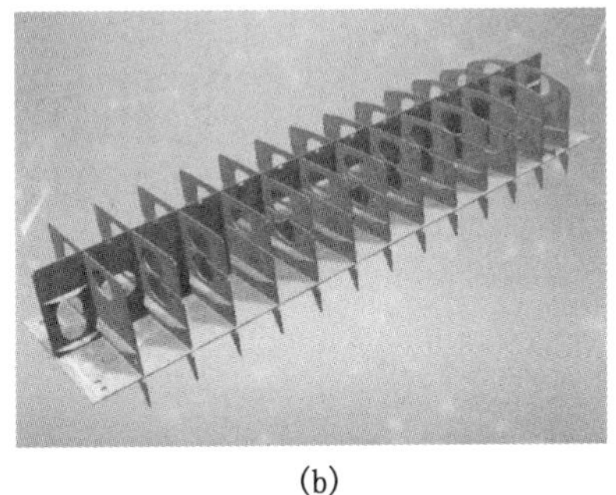

(b)

图 3.2　101_TT1B_HH 大组立

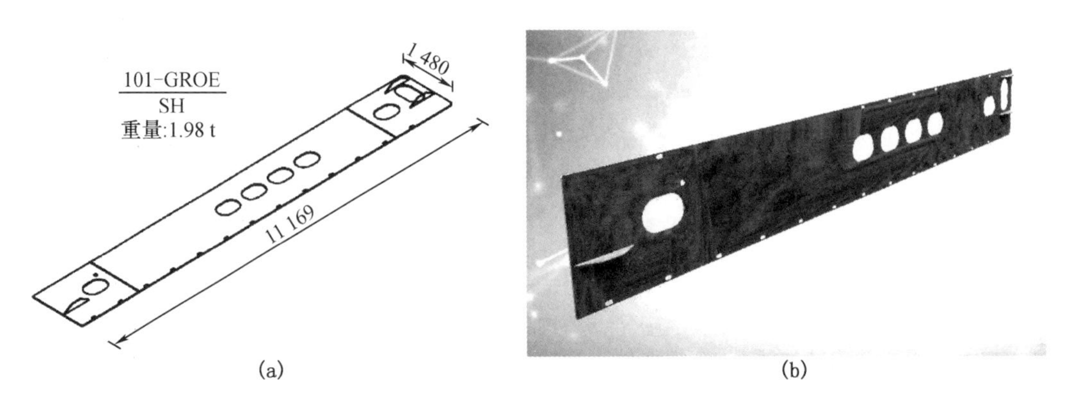

图 3.3　101_GROE 中组立

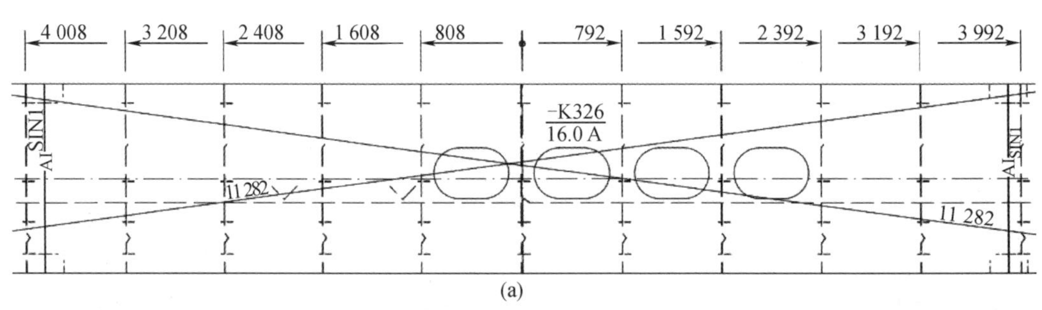

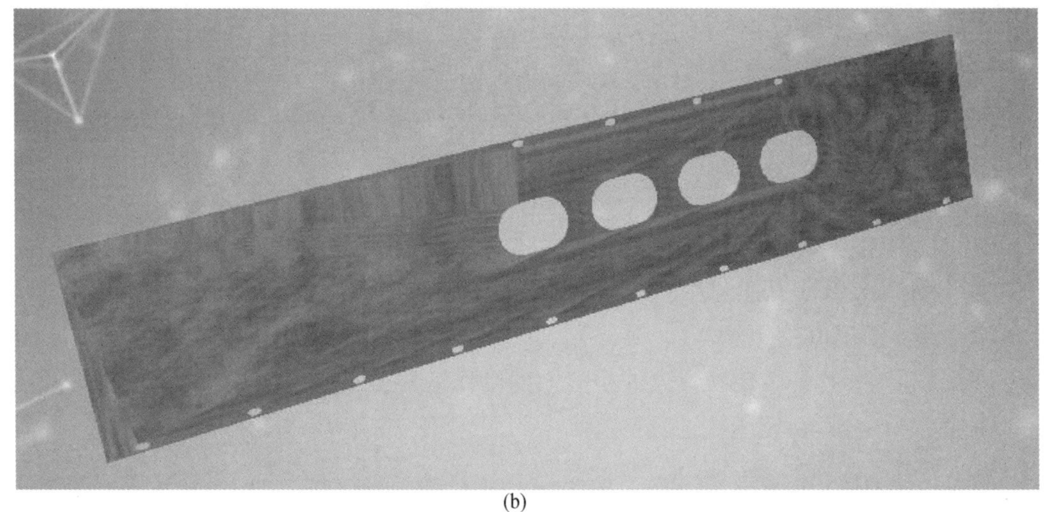

(b)

图 3.4　101_GROE_K326 零件

2. 实训任务工作活页

前往"实训任务 3.1 工作活页",开展实训并按活页要求完成记录。

实训任务3.2　零件加工工艺虚拟仿真实训

3.2.1　实训目标

通过"钢料加工"模块虚拟仿真实训，掌握各项钢料加工工艺。

3.2.2　实训内容

掌握"钢料加工"模块的钢材预处理工艺、切割加工工艺、坡口加工工艺、单曲加工工艺、双曲加工工艺、折边加工工艺、冷弯加工工艺、平直边缘加工工艺。

3.2.3　实训指导

1. 船体零件加工工艺概述

船体零件的加工通常由钢材预处理、切割、弯板和边缘加工等工艺过程组成。

钢材预处理是针对钢材表面带有的氧化皮、铁锈、局部凹凸不平、翘曲或扭曲等缺陷，对钢材进行矫平、除锈和涂防护底漆等作业的统称。

钢材切割是运用机械剪切或化学、物理切割方法，按施工信息从原材料上切割得到船体构件的作业。

钢材弯板是钢板成形加工方法，包括机械冷弯法和水火弯板法。一般单向曲度板都采用机械冷弯法加工，而复杂曲度板则先用机械冷弯法加工出一个方向的曲度(该方向曲度较大)，然后再用水火弯板法加工出其他方向的曲度；若批量较大，则可在压力机上安装专用压模压制成形。

边缘加工主要是指边缘的切割和焊接坡口的加工。目前，边缘加工方法有机械切割法(剪切、冲孔、刨边和铣边等)、化学切割法(气割)和物理切割法(等离子切割和激光切割等)。

在"钢料加工"模块虚拟仿真实训中，给出了钢材预处理、切割加工、坡口加工、单曲加工、双曲加工、折边加工、冷弯加工和平直边缘加工共8种加工工艺，同时配套了13种工艺设备(图3.5)，基本覆盖了钢材预处理、切割、弯板和边缘加工等零件加工工艺全流程。

2. "钢料加工"模块操作指南

不同的船体零件在成形过程中必然经历不同的加工工艺，"钢料加工"虚拟仿真模块通过三维虚拟仿真模拟了船体零件的不同加工工艺过程。训练模块包括工艺流程训练(图3.6)和零件加工训练(图3.7)两个部分，通过该模块的练习，可以掌握不同船体零件的加工工艺流程。

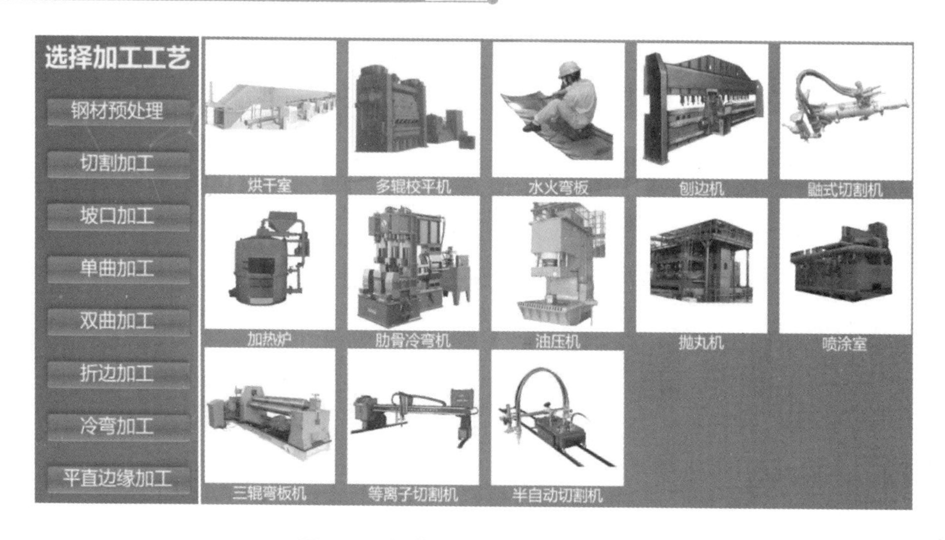

图 3.5　零件加工工艺与加工设备

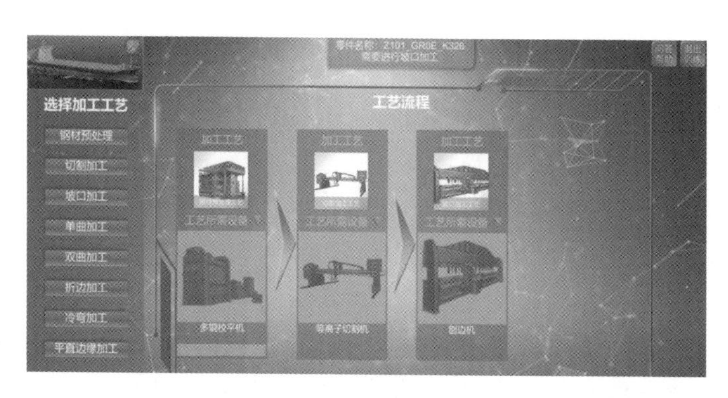

图 3.6　工艺流程训练界面

动画 3.7　工艺流程训练操作方法

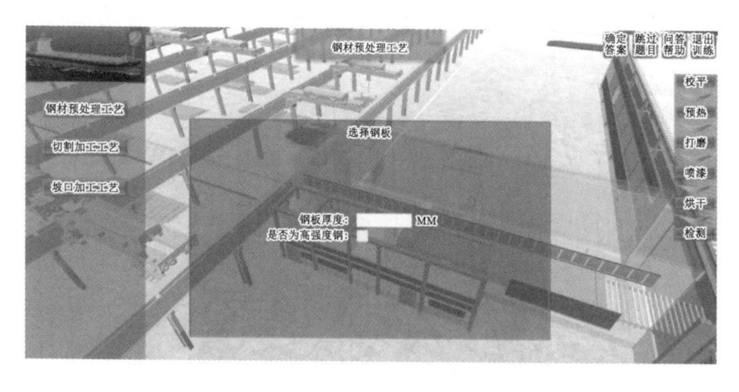

图 3.7　零件加工训练界面

动画 3.8　101_GR0E_K326 零件加工

具体操作流程：

①选择零件，点击各个名称前方的小三角可以展开对应的子菜单（图3.8），双击“名称”按钮可在右侧显示对应的模型，按住鼠标右键可以对模型进行旋转。

②选择好零件后，点击右上方的“训练”按钮进入选中零件的加工工艺训练（图 3.9）。

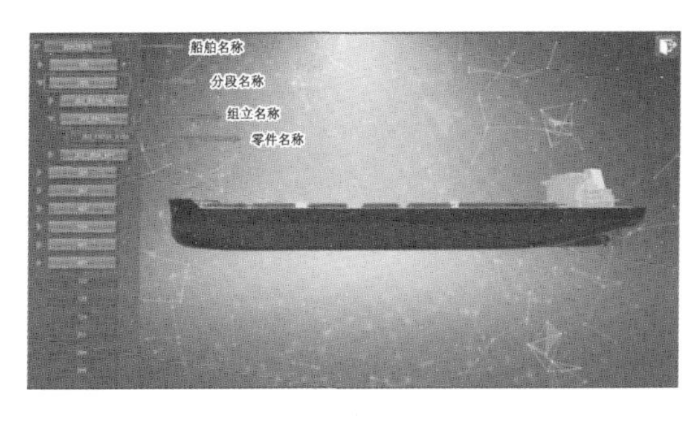

图 3.8　零件选择

图 3.9　零件加工工艺训练

③进入选择加工工艺界面(图 3.10),先选择正确加工工艺,按照零件加工顺序点击界面左侧的加工工艺按钮进行选择,选择结果会在右侧进行显示,点击“确定”按钮,确定选择的工艺顺序;点击“重新选择”按钮,清空所有选择,重新进行选择。如果加工工艺选择错误,在弹出提示后,重新进行选择。实训过程中点击界面的左上角按钮,可以显示零件图纸。查看零件图纸时,可以通过鼠标滚轮放大或缩小图纸,图纸两侧的按钮可以用来切换图纸进行查看。

④点击加工工艺展示框中的小三角,选择该工艺所需设备,进入选择设备界面,按照加工工艺所需,顺序选择设备。所选设备会在左侧按照选择顺序显示,选择完成后点击下方的“确定”按钮确定选择;点击“重新选择”按钮,清空当前加工工艺所有已选择的设备,重新开始选择。如选择错误,在弹出提示后,重新进行选择(图 3.11)。

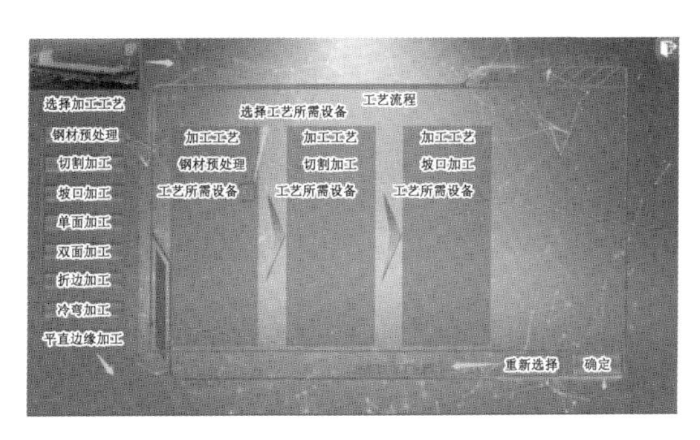

图 3.10　选择加工工艺界面

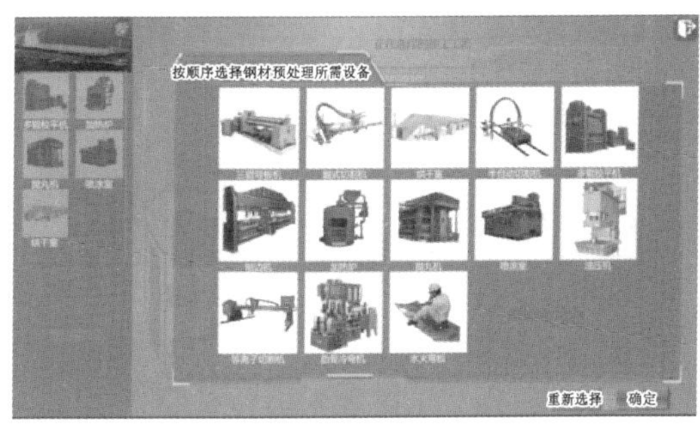

图 3.11　按顺序选择加工工艺所需设备

⑤点击“开始零件加工”按钮,进入零件加工界面。在零件加工界面中间为问题弹出框,回答完问题后点击弹框右下方的“确定”按钮进行判定,答案正确则进入下一步,错误则进行修改后继续点击“确定”按钮。在界面左侧为工艺流程显示,黄色为当前正在进行的加工工艺(图 3.12)。

3. 钢材预处理工艺

①输入钢板厚度。点击左上角,查看图纸输入钢板厚度,同时选择是否为高强度钢,是高强度钢则勾选“是否为刚强度钢”。

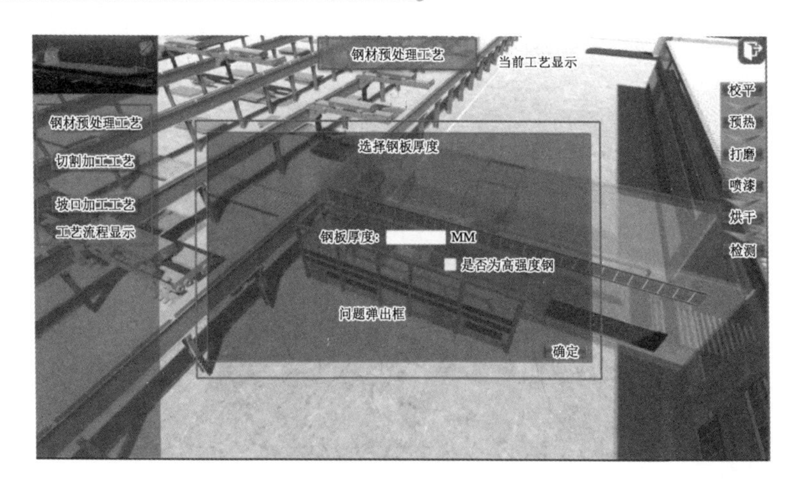

图 3.12　零件加工界面

②将钢板从钢板堆吊至预处理流水线上。W、A、S、D 控制吊车前、左、后、右进行移动；F 控制吊车吸住/放下；page up/down 控制吊车上/下移动。按住鼠标右键旋转视角，观察需要移动的目标位置(通过光圈显示)，将钢板吊至目标位置后放下钢板。

③根据箭头指引点击操作台。

④查看图纸，根据钢板厚度依次在弹框中输入(或选择)答案。

⑤设置多辊矫平机参数，见表 3.1。

表 3.1　多辊矫平机参数设置

厚度/mm	矫平机辊距/mm
0.4 ~ 8	50 ~ 125
8 ~ 16	125 ~ 200
16 ~ 30	200 ~ 300
30 ~ 50	300 ~ 400

⑥设置加热炉参数。预热温度 35 ~ 45 ℃，点火顺序：主风机→燃气总电磁阀→点火按钮。

⑦设置抛丸机参数。金属磨料直径 0.8 ~ 1.2 mm、钢丸钢丝配比 8.5∶1.5、抛丸速度 2 ~ 2.5 m/min、喷射处空气压力 700 kPa。

⑧设置喷涂室参数。车间底漆选用 702 无机硅酸锌底漆，温度 0 ~ 40 ℃，相对湿度大于 50%，普通钢板选用灰色底漆，高强度钢板选用浅绿色或红色底漆。

⑨设置烘干室参数。烘干方式选择红外辐射或蒸汽，加热温度 40 ~ 50 ℃。

⑩设置检测参数。测量车间底漆膜厚，用干膜测厚仪测量厚度为真实膜厚的 60% 左右，检测方式为用放大镜或 100 × 400 玻璃片喷涂进行观察。

4. 切割加工工艺

①切割前准备工作顺序。检查导轨有无异物，限位开关是否正常，查看所有参数，各轴

回零。

②设置切割参数。切割速度、割缝补偿、弧压、割炬到工件的距离、初始穿透高度、穿透延迟时间参考 HYPERTHERM 等离子切割机工作参数(表 3.2)。

表 3.2　HYPERTHERM 等离子切割机工作参数表

1. 最大运行速度:12 000 mm/min。

2. 割枪、粉线枪垂直 90°, ±30 丝,公司精度部标注 ±0.2°。

3. 切割气体要求:

气体质量和压力要求			
气体类型	质量	压力 ±10%	流量
氧气(O_2)	99.5% 纯度 清洁、干燥、无油	8 bar	4 250 L/h
氮气(N_2)	9.99% 纯度 清洁、干燥、无油	8 bar	11 610 L/h
压缩空气	清洁、干燥、无油 ISO 8573 – 1 class1.4.2 标准	8 bar	11 330 L/h

ISO 8573 – 1 Class 1.4.2 标准:

(1) 颗粒:每立方米空气中最大尺寸为 0.1 ~ 0.5 μm 的颗粒不超过 100 粒,最大尺寸为 0.5 ~ 5.0 μm 的颗粒不超过 1 粒。

(2) 水:湿气的压力露点不超过 3 ℃。

(3) 油:每立方米空气中的含油量不超过 0.1 mg。

4. 技术参数 400 A:

选择气体		设置预流		设置切割流		板材厚度/mm	弧压/V	割炬到工件距离/mm	切割速度/(mm·min^{-1})	割缝补偿/mm	初始穿透高度/mm	穿透延迟时间/s
等离子气体	保护气体	等离子气体	保护气体	等离子气体	保护气体							
氧气	空气	22	82	55	82	12	139	3.6	4 430	3.4	7.2	0.4
						15	142	3.6	3 950	3.5	7.2	0.5
						20	146	3.6	2 805	3.68	7.2	0.7
						22	148	3.8	2 540	3.73	7.6	0.8
						25	150	4.0	2 210	3.76	8.0	0.9
						30	153	4.6	1 790	4.06	9.2	1.1
						40	158	4.6	1 160	4.88	11.5	1.9
						50	167	5.3	795	5.94	19.1	5.2

注:1 bar = 100 kPa。

5. 坡口加工工艺

(1)半自动切割机

①割据的安装方向:割据应该安装在切割机装有护板的方向。

②割嘴型号的选择:根据钢板的厚度参考表3.3进行选择。

表3.3 切割钢板的工艺参数

割嘴规格号	切割厚度/mm	氧气压力/MPa	乙炔压力/MPa	切割速度/(mm·min^{-1})
00	50~10	0.2~0.3	>0.3	600~450
0	10~20	0.2~0.3	>0.3	480~380
1	20~30	0.25~0.35	>0.3	400~320
2	30~50	0.25~0.35	>0.3	350~280
3	50~70	0.3~0.4	>0.4	300~240
4	70~90	0.3~0.4	>0.4	260~200
5	90~120	0.4~0.6	>0.4	210~170
6	120~160	0.5~0.8	>0.5	180~140
7	160~200	0.6~0.9	>0.5	150~110
8	200~270	0.6~1.0	>0.5	120~90
9	270~350	0.7~1.1	>0.5	90~60
10	350~400	0.7~1.2	>0.5	70~50

③选择坡口类型:根据零件图纸上标注的坡口类型,在给出的四种坡口类型中做出选择。

④半自动切割机的点火顺序:乙炔气阀→点火按钮→预热氧气阀。乙炔气阀与点火按钮的操作间隔不能超过15 s。当温度达到960~980 ℃时,打开切割氧气阀。

(2)鼬式切割机

①选择坡口类型:根据零件图纸上标注的坡口类型,在给出的四种坡口类型中做出选择。

②鼬式切割机注意事项:鼬式切割机的导杆导轮紧靠切割钢板边缘,当切割至末端时,使用辅助钢板完成切割。

(3)刨边机

①选择坡口类型:根据零件图纸上标注的坡口类型,在给出的四种坡口类型中做出选择。

②挡料器操作步骤:安装挡料器→吊装板料→千斤顶压紧→卸下挡料器。

③刨边机开启顺序:油泵→总开关→液压机开关。

④设置走刀距离:走刀距离应为板料宽度+0.2 m。

⑤刀具选择:根据加工钢材的要求,选择合适的刀具。

⑥设置主传动箱:润滑油为开启状态。

6. 单曲加工工艺

（1）三辊弯板机

①活络样板各部位名称：将正确的答案拖到对应号码的方框中，答案参考图 3. 13。

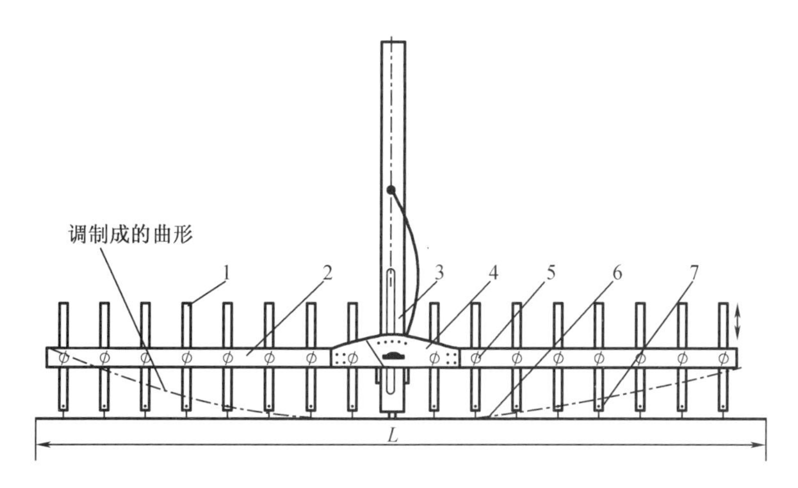

1—刻度尺；2—横梁；3—立杆；4—刻度盘；5—螺栓；6—尺条；7—固定板。

图 3. 13　金属活络样板

②输入对应肋位的数据：点击左上方“图纸查看”查看图纸，根据肋位提示输入正确答案，其值固定为 200。

③加工中查看活络样板：当钢板加工至一定程度时，屏幕右侧弹出“使用活络样板进行对比”按钮，如图 3. 14 所示，点击进行活络样板对比。

图 3. 14　“使用活络样板进行对比”按钮

④选择正确使用活络样板测量的方式：正确答案包括检查纵向基准面是否在同一平面内；检查活络样板水平基准点相对位置；检查样板线型检查和外板的吻合度；按肋位号使用对应位置的活络样板检查曲面；以中间刻度尺为基准，检查尺条与外板之间的空隙。

⑤使用活络样板判断加工情况：钢板下凹如图 3. 15 所示；钢板上凸如图3 – 16 所示；活

络样板与粉线正确的位置关系如图3.17所示；钢板曲线正确如图3.18所示。

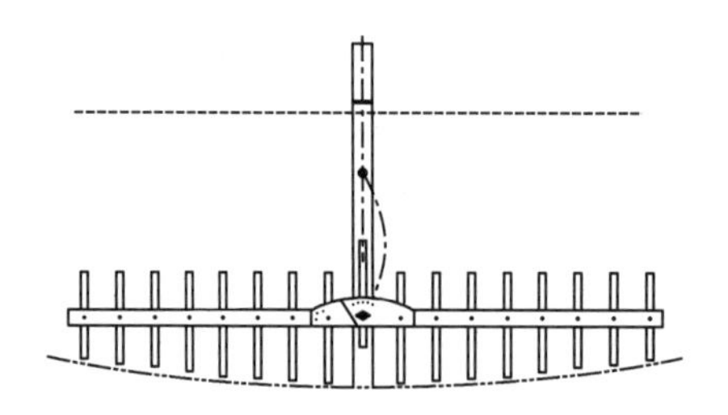

活络样板对合线
检测粉线
样板线形

图3.15　钢板下凹判断

活络样板对合线
检测粉线
样板线形

图3.16　钢板上凸判断

活络样板对合线
检测粉线
样板线形

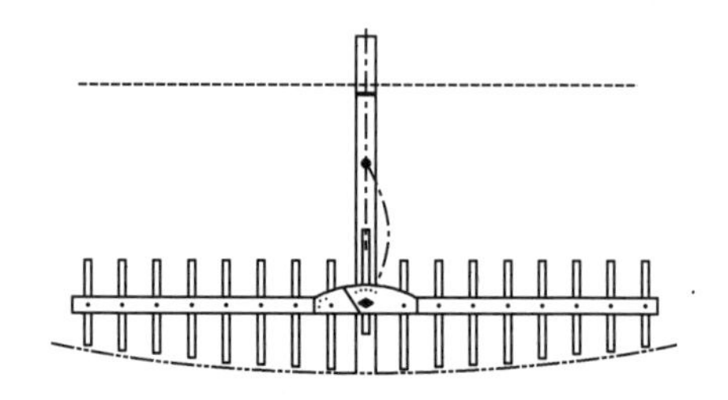

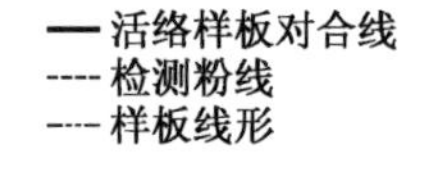

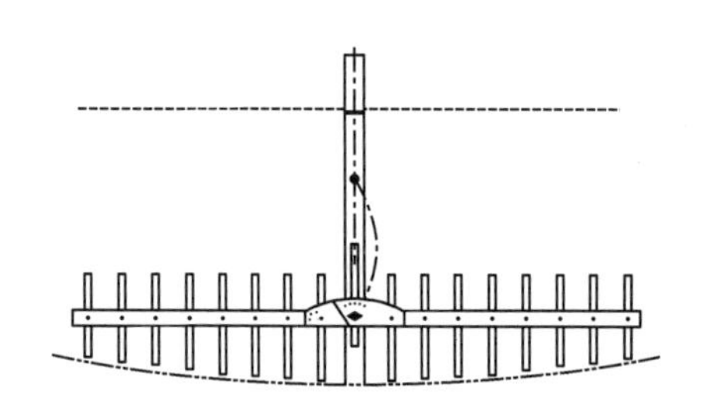

图3.17　活络样板与粉线正确的位置关系判断

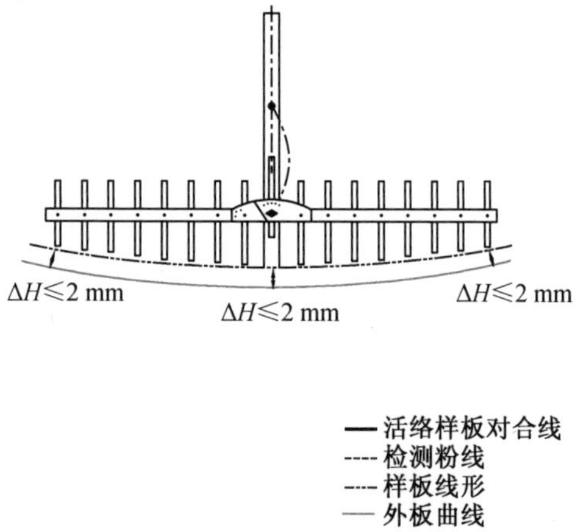

ΔH≤2 mm
ΔH≤2 mm
ΔH≤2 mm
活络样板对合线
检测粉线
样板线形
外板曲线

图3.18　钢板曲线正确判断

⑥水火矫正：若第一次加工没有使钢板达到标准，则进行水火矫正，使钢板达到标准。

⑦判断钢板是否加工合格：使用活络样板判断钢板是否合格，在给出的6张图片中选出两张正确答案。

(2)油压机

①活络样板与单曲加工工艺中的三辊弯板机一致。

②当吊车将钢板吊入油压机后，在界面右侧点击“使用样板进行对比”按钮，可以放置活络样板与正在进行加工的钢板做比较。

7. 双曲加工工艺

水火弯板双曲加工工艺：

①活络样板与单曲加工工艺中的三辊弯板机一致。

②钢板形式及对应加热线选择：根据题目给出的加热成形的钢板形状，选择对应的钢

板形式与对应的加热线，如图 3.19、图 3.20 所示。图 3.19 中(a)(b)(c)(d)分别为柱面板、球面板、帆形板、鞍形板。

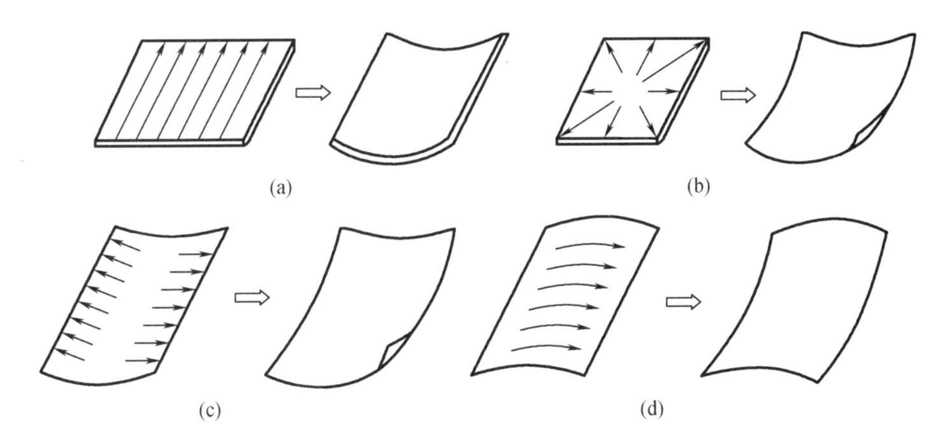

图 3.19　加热线布置示意图

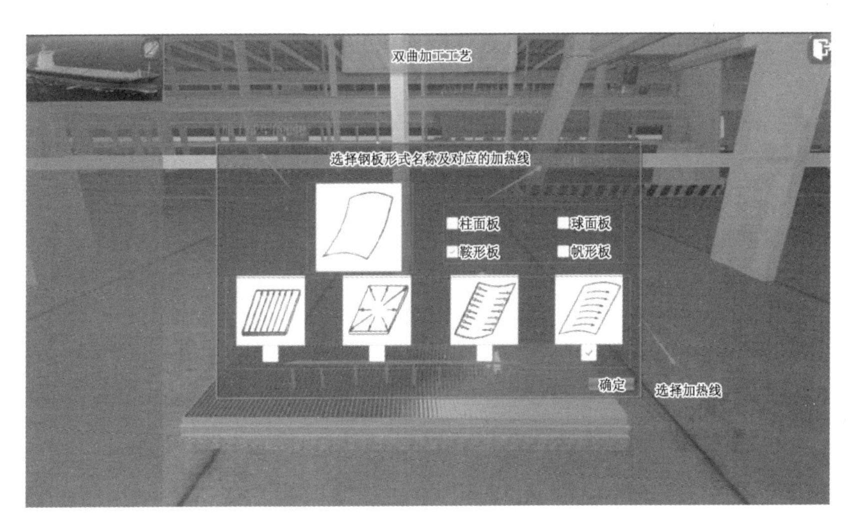

图 3.20　双曲加工工艺加热线选择界面

③水火弯板参数设置：重复加热次数最大为 3，其余参数见表 3.4。

表 3.4　水火弯板参数设置

项目	$t<3$	$t=3\sim5$	$t=6\sim12$	$t>12$
加热嘴号码	1	2	2,3	4
火焰性质(氧炔比)	1.0～1.2			
加热温度/℃	<600	650～700	750～800	750～850

表 3.4(续)

项目		$t<3$	$t=3\sim5$	$t=6\sim12$	$t>12$
最小水火矩/mm	低碳钢	30 ~ 50	50 ~ 70	70 ~ 100	100 ~ 120
	低合金钢	50 ~ 70	70 ~ 90	90 ~ 120	130 ~ 150
加热速度/($mm \cdot s^{-1}$)		20 ~ 30	10 ~ 25	7 ~ 20	4 ~ 40
加热深度/mm		(0.6 ~ 0.8)t,t 为板厚			
加热宽度/mm		12 ~ 15			
氧气压力/($kg \cdot cm^{-2}$)		2 ~ 3	3 ~ 4	5 ~ 7	
乙炔压力/($kg \cdot cm^{-2}$)		0.4 ~ 0.8			
焰心距板面距离/mm		2 ~ 3			

④选择正确的测量方式(与单曲加工工艺中一致)。

⑤使用活络样板判断加工情况(与单曲加工工艺中一致)。

8. 折边加工工艺

油压机折边加工工艺:

①折边加工的第一刀压入 20° ~ 30°,压制 2 ~ 3 次。

②当吊车将钢板吊入油压机后,在界面右侧点击"使用样板进行对比"按钮,可以放置活络样板与正在进行加工的钢板做比较。

③完工检验:选择首尾中间进行检验,误差不超过 2 mm,如图 3.21 所示。

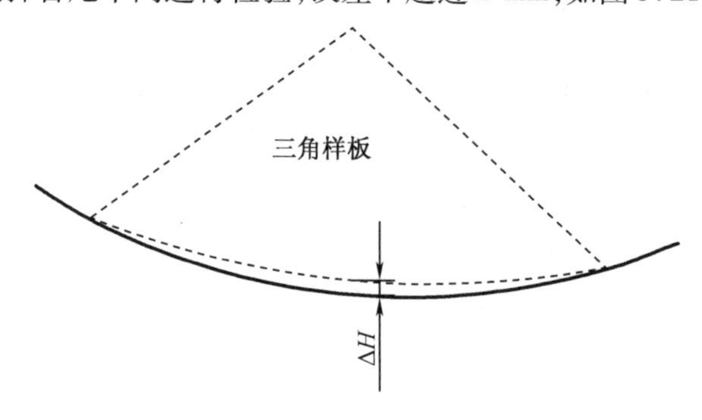

图 3.21　折边加工工艺完工检验

9. 冷弯加工工艺

肋骨冷弯机冷弯加工工艺:

①选择逆直线的绘制顺序:拖拽对应的按钮至对应的步骤中,如图 3.22 所示。

②查看曲线:选择完逆直线的绘制顺序后,按住鼠标右键旋转相机,查看逆直线的曲线,点击"开始进行冷弯加工"进行冷弯加工,如图 3.23 所示。

③观察逆直线:加工完成后,按住鼠标右键转动视角,查看加工完成的逆直线,然后点击右下方的"进入下一道工序",进入下一步,如图 3.24 所示。

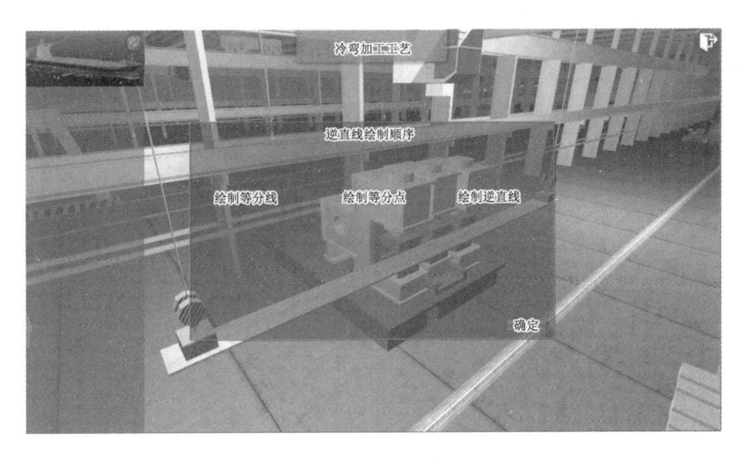

图 3.22　选择逆直线的绘制顺序

图 3.23　“开始进行冷弯加工”界面

图 3.24　“进入下一道工序”界面

10. 平直边缘加工工艺

刨边机平直边缘加工工艺:

①挡料器操作步骤:安装挡料器→吊装板料→千斤顶压紧→卸下挡料器。

②刨边机开启顺序:油泵→总开关→液压机开关。

③设置走刀距离:走刀距离应为板料宽度 +0.2 m。

④刀具选择:如图 3.25 所示。

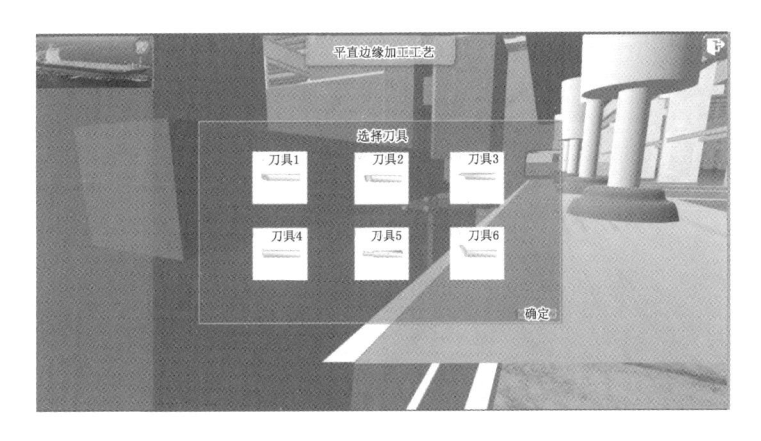

图 3.25　刀具选择界面

⑤设置主传动箱:润滑油为开启状态。

11. 实训任务工作活页

前往“实训任务 3.2 工作活页”,开展实训并按活页要求完成记录。

项目四　船体组立装配

一、项目目标

1. 掌握船舶虚拟建造软件“组立装配”模块的操作方法，熟悉小组立装配流程顺序。

2. 掌握平台和胎架的类型，熟悉组立装配的各项工艺。

二、项目任务

1. 熟悉“阳光万里号”散货船典型分段中各个组立之间的关系。

2. 掌握“阳光万里号”散货船典型组立的装配流程顺序。

3. 掌握平台和胎架的基本常识。

4. 通过“组立装配”虚拟仿真实训，熟悉拼板排列、尺寸测量、构架面焊接、火工矫正、碳刨清根、划理论线、焊缝检测、装吊钩、吊钩着色检测工艺。

三、课时计划

序号	实训任务	课时计划		
		教学做	活页训练	合计
4.1	认识组立装配工艺模块	0.5	1	1.5
4.2	组立装配工艺虚拟仿真实训	1.5	3	4.5
合计		2	4	6

实训任务 4.1　认识组立装配工艺模块

4.1.1　实训目标

掌握船舶虚拟建造软件“组立装配”模块的操作方法，熟悉小组立装配流程顺序。

4.1.2　实训内容

(1)熟悉“阳光万里号”散货船典型分段中各个组立之间的关系。

(2)掌握“阳光万里号”散货船典型组立的装配流程顺序。

4.1.3 实训指导

1. 船舶组立建造工艺概述

船体装配是指将加工合格的船体零件组合成组立、分段、总段,直至船体的工作量占船体建造总工时的一半以上。船体装配是船体建造中劳动强度较大、生产效率较低的作业工序,因此开发先进的造船方法,选用合理的装焊工艺,对提高造船生产效率、降低生产成本、缩短造船周期和改善劳动条件等具有极其重要的作用。

本章通过"组立装配"模块学习组立装焊工艺相关知识与技能。通常可将组立按照大小分为小组立、中组立和大组立(图 4.1);在部分教材中,组立根据大小也被称为部件或组件。

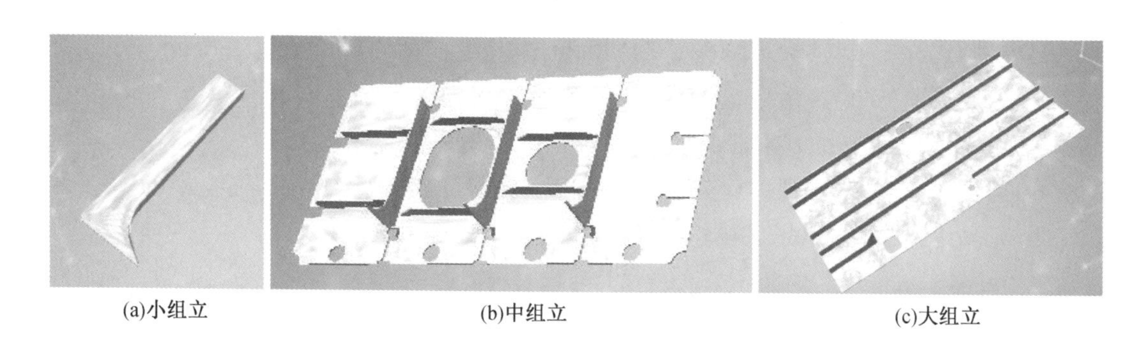

(a)小组立　(b)中组立　(c)大组立

图 4.1　小组立、中组立、大组立

2. 船舶虚拟建造软件"组立装配"模块简介

进入船舶虚拟建造软件后,在整体功能模块界面中,点击进入第三个模块"组立装配",此时展开"阳光万里号"散货船的分段编码,双击分段编码时会展示该分段的部分典型大组立件编码。部分案例双击大组立件编码,即可在软件中看到该对应的大组立,此时右上角将出现"训练"按钮,点击即可进入该组立的工艺制造虚拟仿真学习过程(图 4.2);而部分案例则要进一步双击大组立码,此时会看到该大组立中的中/小组立编码,双击中/小组立编码,即可在软件中看到对应的中/小组立(图 4.3),此时右上角将出现"训练"按钮,点击即可进入该零件的工艺制造虚拟仿真学习过程(动画 4.1)。

图 4.2　"组立装配"模块的分段选择界面

动画 4.1　"组立装配"模块操作方法

图 4.3 中以小组立中最简单的 Y 型块口为例，进入训练模块后，该训练模块界面左侧的区域中有该组立的完整图纸，包括焊接工艺的标注符号；而训练模块界面右侧的上半部分是“流程顺序”栏，此处有 20 个空栏，右侧的下半部分有 21 个不同的“流程节点”，即 21 种不同的工艺步骤（固定环形面板、火工矫正、组立移位、固定钢板、划理论线并安装、拼板排列、尺寸测量、固定腹板、焊缝检测、装吊钩、铺设主板、部装件预装、焊接型材和肋板、横角焊、吊钩检测、固定型材和肋板、焊接环形面板、非构架面焊接、碳刨清根、引熄弧板定位焊、构架面焊接）。该训练模块需要在首先读懂组立装配图纸的基础上，分析该组立正确的制造工艺，通过拖拽“流程节点”中的工艺步骤，按该组立正确的加工工艺流程顺序排列入空栏后，再点击“确定答案”进入该组立的虚拟仿真工艺施工的模块。

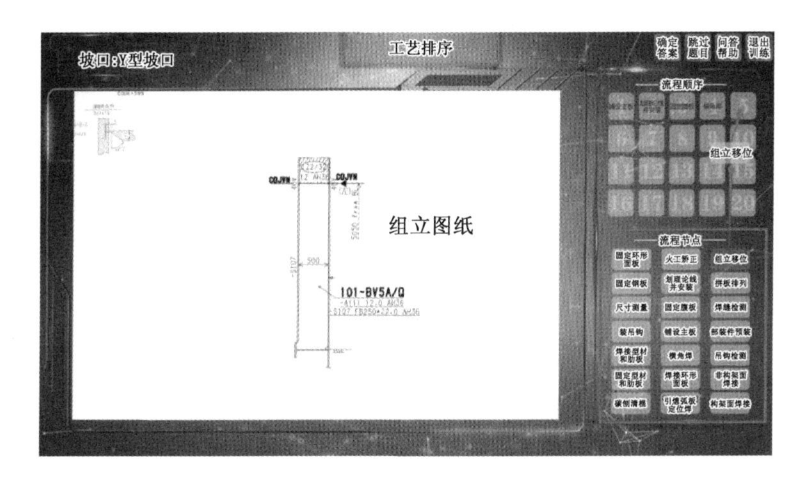

图 4.3　“组立装配”模块的分段选择界面

动画 4.2　“组立装配工艺实训”模块操作方法

3. 组立装配流程顺序

组立装配主要为展现装配组立的细节流程，了解不同的组立是怎样一步步拼装而成的。在拼装的过程中要了解图纸的一些简单知识、焊接的一些规范要求、组立装配的顺序流程。部分组立流程顺序如下。

（1）Z325_35_TT1A_HH：拼板排列→固定钢板→尺寸测量→引熄弧板定位焊→构架面焊接→火工矫正→碳刨清根→非构架面焊接→火工矫正→划理论线并安装→固定型材和肋板→焊接型材和肋板→焊缝检测→装吊钩→吊钩检测→组立移位。

（2）Z524_SS1A_L：拼板排列→固定钢板→尺寸测量→引熄弧板定位焊→构架面焊接→火工矫正→碳刨清根→非构架面焊接→火工矫正→划理论线并安装→固定型材和肋板→焊接型材和肋板→焊缝检测→装吊钩→吊钩检测→组立移位。

（3）Z101_GR0E：拼板排列→固定钢板→尺寸测量→引熄弧板定位焊→构架面焊接→火工矫正→碳刨清根→非构架面焊接→火工矫正→焊缝检测→装吊钩→吊钩检测→组立移位。

（4）Z427_SL1B：拼板排列→固定钢板→尺寸测量→引熄弧板定位焊→构架面焊接→火工矫正→碳刨清根→非构架面焊接→火工矫正→焊缝检测→装吊钩→吊钩检测→组立移位。

(5)Z203_BS1A_HA:拼板排列→固定钢板→尺寸测量→引熄弧板定位焊→构架面焊接→火工矫正→碳刨清根→非构架面焊接→火工矫正→划理论线并安装→固定型材和肋板→焊接型材和肋板→焊缝检测→装吊钩→吊钩检测→组立移位。

(6)Z203_LB2A:拼板排列→固定钢板→尺寸测量→引熄弧板定位焊→构架面焊接→火工矫正→碳刨清根→非构架面焊接→火工矫正→划理论线并安装→固定型材和肋板→焊接型材和肋板→焊缝检测→装吊钩→吊钩检测→组立移位。

(7)Z603_FR0A_SH:拼板排列→固定钢板→尺寸测量→引熄弧板定位焊→构架面焊接→火工矫正→碳刨清根→非构架面焊接→火工矫正→划理论线并安装→固定型材和肋板→焊接型材和肋板→焊缝检测→装吊钩→吊钩检测→组立移位。

(8)Z601_FR9A_SM:部装件预装→拼板排列→固定钢板→尺寸测量→引熄弧板定位焊→构架面焊接→火工矫正→碳刨清根→非构架面焊接→火工矫正→划理论线并安装→固定环形面板→焊接环形面板→固定型材和肋板→焊接型材和肋板→焊缝检测→装吊钩→吊钩检测→组立移位。

(9)Z601_FR8A_SM:部装件预装→铺设主板→划理论线并安装→固定环形面板→焊接环形面板→固定型材和肋板→焊接型材和肋板→焊缝检测→装吊钩→吊钩检测→组立移位。

(10)Z203_FR72A:铺设主板→划理论线并安装→固定型材和肋板→焊接型材和肋板→装吊钩→吊钩检测→组立移位。

(11)Z101_BV5A_R:铺设主板→划理论线并安装→固定腹板→横角焊→组立移位。

(12)Z427_LB2A_R:拼板排列→固定钢板→尺寸测量→引熄弧板定位焊→构架面焊接→火工矫正→碳刨清根→非构架面焊接→火工矫正→划理论线并安装→固定型材和肋板→焊接型材和肋板→焊缝检测→装吊钩→吊钩检测→组立移位。

(13)Z325_35_GR10A:拼板排列→固定钢板→尺寸测量→引熄弧板定位焊→构架面焊接→火工矫正→碳刨清根→非构架面焊接→火工矫正→划理论线并安装→固定型材和肋板→焊接型材和肋板→焊缝检测→装吊钩→吊钩检测→组立移位。

4. 实训任务工作活页

前往“实训任务 4.1 工作活页”,开展实训并按活页要求完成记录。

实训任务4.2 组立装配工艺虚拟仿真实训

4.2.1 实训目标

(1)掌握平台和胎架的类型,熟悉组立装配的各项工艺。

(2)完成“组立装配”虚拟仿真实训。

4.2.2 实训内容

(1)掌握平台和胎架的基本常识。

(2)通过“组立装配”虚拟仿真实训，熟悉拼板排列、尺寸测量、构架面焊接、火工矫正、碳刨清根、划理论线、焊缝检测、装吊钩、吊钩着色检测工艺。

4.2.3　实训指导

1. 船体装配工艺设备

船体结构的装配作业所使用的主要设备有测量、划线、起重、电焊、气割和压缩空气设备，以及管道、平台和胎架等。其中在中/大组立和分段的装配过程中，平台和胎架(表 4.1)是基础工艺装备，也是决定组立/分段车间生产能力的重要设备。

表 4.1　平台和胎架的类型及特征

类型		特征
固定式平台	蜂窝平台	由钢筋混凝土基础、型钢框架和开有蜂窝状圆孔的铸铁平板(或钢板)组成。主要用于主、辅机基座等精度要求较高的部、组件的装焊和部件、外板的热弯成形加工或变形矫正
	钢板平台	又称实心平台，主要用于绘制船体全宽肋骨型线图，并装焊肋骨框架等部件。其工作面由钢板铺设而成，便于划线，装焊操作条件也较好。用于制作钢板平台的钢板厚度应大于 10 mm，钢板下面设置的槽钢、工字钢宜选用 22 ~ 24 号，平台高度约 300 mm
	型钢平台	又称空心平台，它与钢板平台的区别仅在于其表面不设钢板，既可以用于拼板和装焊平面分段，也可作为胎架的基础。其高度一般与钢板平台相同。若需在平台下面作业，则平台高度应大于 800 mm
	水泥平台	这种平台是扁钢或型钢按 500 ~ 1 000 mm 的间距平行地埋在钢筋混凝土地坪中构成的，并要求钢材表面与平台表面平齐。它用途广泛，更适合作胎架的基础。主要缺点是受高温后易爆裂，预埋的钢材易锈蚀
传送带式平台	链式传送带平台	在槽钢混凝土基础上，按 1 500 ~ 2 000 mm 的间距敷设角钢或槽钢构件，并在其上安装链条导向轨道，再在轨道上配置链条，即构成链式传送带平台。它主要用作流水线上改变运送方向的横向传送带
固定式平台	辊式传送带平台	这种平台是将直径为 100 ~ 150 mm 的钢管制作成辊筒，并将其按 1 000 ~ 1 500 mm 的间距平行地组装在开有缺口的钢板平台中，可以在辊筒支承梁下面设置升降用油缸，使辊筒能上下调节。它主要用于平面分段机械化生产线上的拼板工位
	台车式平台	在分段支承台之间敷设两条轨道，并在其上配置有油缸升降机构的台车即构成台车式平台，主要用于分段的运输
	圆盘式传送带平台	将直径为 150 ~ 200 mm 的圆盘按间距 1 000 ~ 1 500 mm 纵横交错地配置在钢板平台或水泥平台上即构成圆盘式传送带平台，主要用于平面分段机械化生产线中分段的传送

表 4.1(续)

类型		特征
专用胎架	单板式胎架	由整块胎板组成,为使胎板与分段外板的接触面积小而又紧贴,并使分段在焊接时有自由收缩的可能,胎板的型线通常制成锯齿状。单板式胎架刚性好,有利于控制变形,但耗材多,通常用于军品或技术要求高的批量生产中
	桁架式胎架	由桁架和型线胎板组成。它节省材料,但刚性较弱,常用于一般船舶,尤其适用于单船或小批量建造
通用胎架	框架式活络胎板胎架	由角度框架和活络小胎板组成,一般有 30°、40°、50°和 60°四种不同的固定角度框架。角度框架的斜向角钢上开有螺孔,用于固定小活络胎板。通过更换角度框架和调节小胎板高度位置,可获得不同的工作曲面
	套管式(支柱式)胎架	由许多根可调节高度的支柱组成,这种胎架的支柱是由内外两根不同直径的钢管套接而成,在内外钢管上各按不同间距钻有数排销孔,使用时按胎架型值调节支柱高度,并用销轴插入销孔加以固定,由于支柱的调节范围有限,故适合于建造各类平直和小曲形分段

2. 组立装配工艺实训概述

在实训任务 4.1 中,已经学习了如何进入“组立装配”模块,按对应组立正确的加工工艺流程顺序排列并点击“确定答案”后,进入该组立的虚拟仿真工艺施工的虚拟仿真训练。在该组立制造工艺的虚拟仿真施工过程中,会弹出题目,要根据组立的图纸和加工工艺,进行正确的拼板(图 4.14)、选择正确的加工工艺设备(图 4.15)、按照正确的虚拟安装型材顺序(图 4.16)等,通过不同组立的训练,掌握识读船体组立装配图纸,掌握船体组立工艺流程和工艺施工要点。

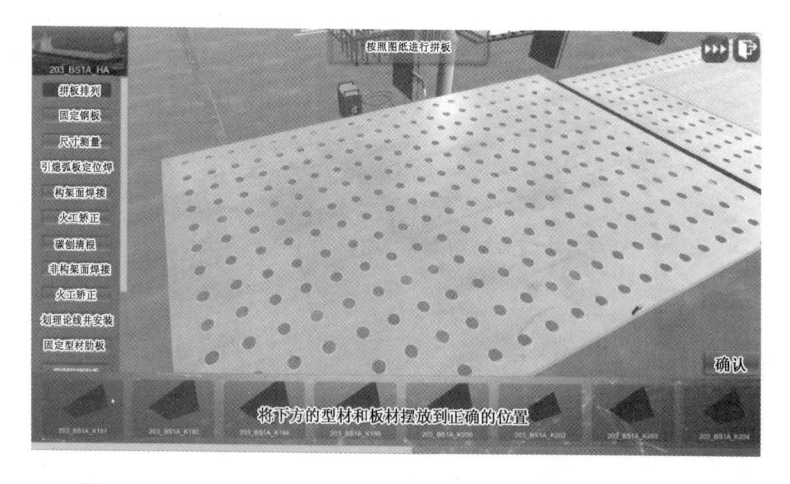

图 4.14 “拼板排列”工艺步骤要求根据组立图纸进行正确拼板

图 4.15　“构架面焊接”工艺步骤要求选择正确的焊接设备

图 4.16　“划理论线并安装”要求根据组立图纸选择正确的型材进行安装

3. 拼板排列

(1)根据图纸进行摆放，点击操作面板左上角整船的图片会显示出需要拼装组立的图纸。如果图纸上显示左右分段名称，则根据大数为船首、小数为船尾、构架面朝上的基本原理进行摆放；如果图纸上没有显示左右分段名称，则按照构架面朝上的基本原理进行摆放(个别小组与图纸摆放方向相反，部分小组与图纸摆放方向一致)。选中下方的带有零件名字的按钮，按钮颜色会变成橘色，再选择放置点摆放模型。

(2)放置之后按钮会变为黄色。重新选择换色按钮可以重新摆放。拼板完成后点击右下角的确定键，如果拼板正确会出现设置板与板之间的间距问题。间距答案：20 mm。如果错误，则会清空已经排到平台上的板。图 4.17 为 203_LB2A 平板排序的示例。图 4.18 示出了填充板与板之间的间距问题。点击右上角三个箭头按钮可以跳过当前的步骤，最右边按钮则为退出回到主界面的退出按钮。

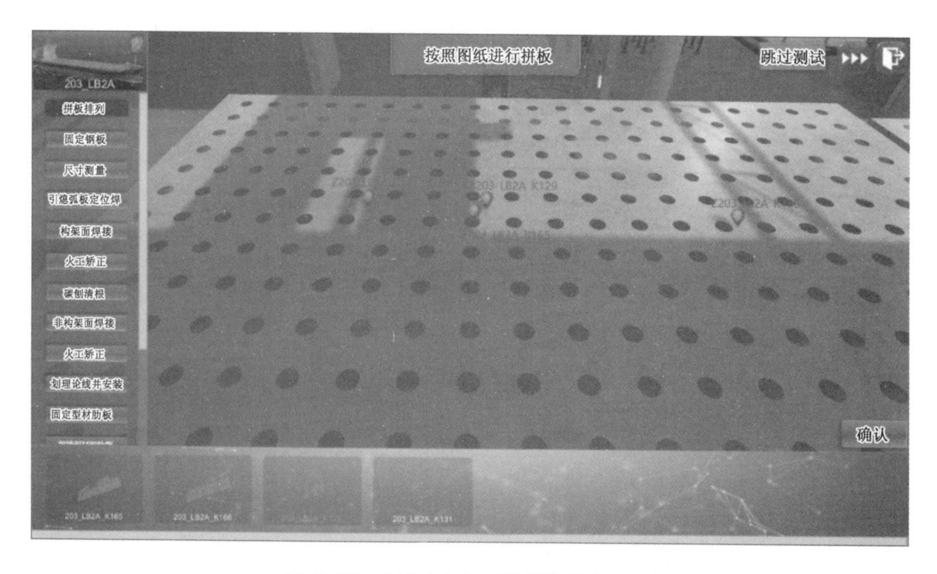

图 4.17　203_LB2A 平板排序的示例

图 4.18　填充板与板之间的间距

4. 固定钢板

选择正确的固定焊的焊接方式，选择要使用的焊机设备，做简单的固定焊接。如图 4.19 所示，直接点击图片则选择成功。正确答案：二氧化碳焊。

其他组立中，当需选择固定腹板焊接的焊接设备。正确答案：二氧化碳焊。

其他组立中，当需选择横角焊的焊接设备。正确答案：二氧化碳焊。

其他组立中，当需选择固定环形板材的焊接设备。正确答案：二氧化碳焊。

其他组立中，当需选择焊接环形板材的焊接设备。正确答案：二氧化碳焊。

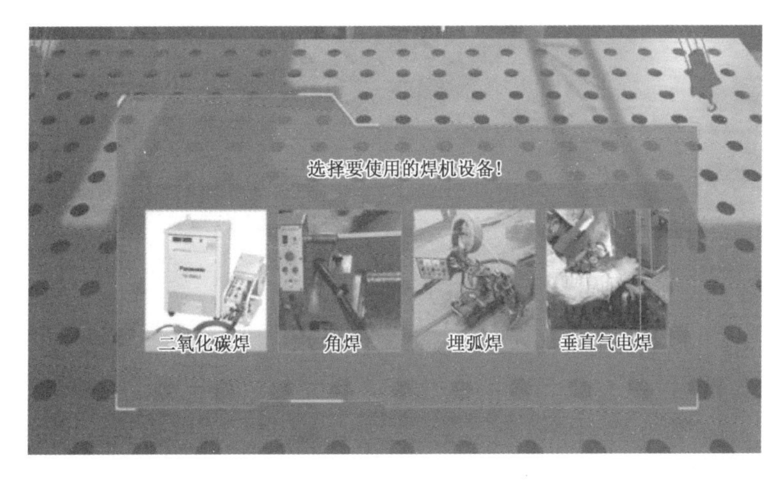

图 4.19 焊机设备选取界面

5. 尺寸测量

第一次尺寸测量是检测拼板的尺寸，需要检测拼板四周的尺寸。第二次尺寸测量是检测平板的平整度，需要检测拼板对角线尺寸。在板的四周会出现四个点，选择每两个点组成一条直线进行测量，如图 4.20 所示。

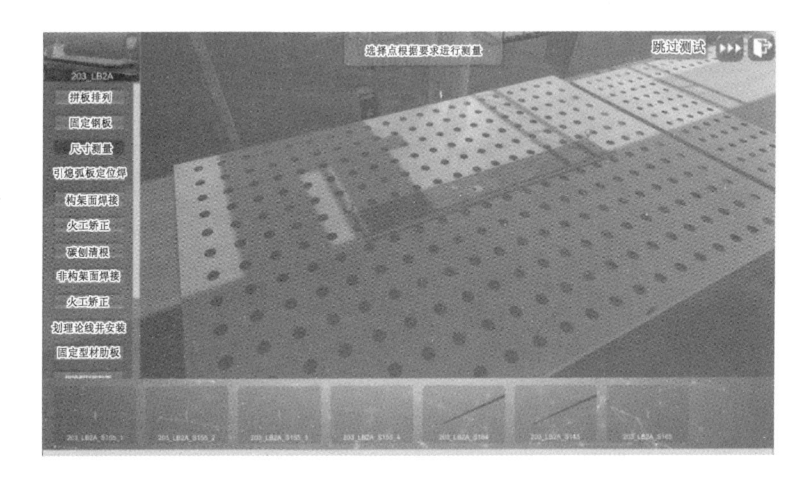

图 4.20 尺寸测量界面

一些特殊的板需要不同的测量方法，在测量拼成板材的大小前，要选择正确的方法，直接点击图片进行选择。而测量板材的水平度时需要先确定测量的是哪一个位置，再选择对应位置的信息图片，如图 4.21、图 4.22 所示。直接点击图片则选择成功。

6. 引熄弧板定位焊

需要根据焊缝来选择引熄弧板，拼板焊缝都笔直的并且长度大于 500 mm 的可以选择任何一种引熄弧板，如果焊缝存在弯曲角度不为笔直焊缝或者长度小于 500 mm 的则选择 50 * 50 的引熄弧板，如图 4.23 所示。

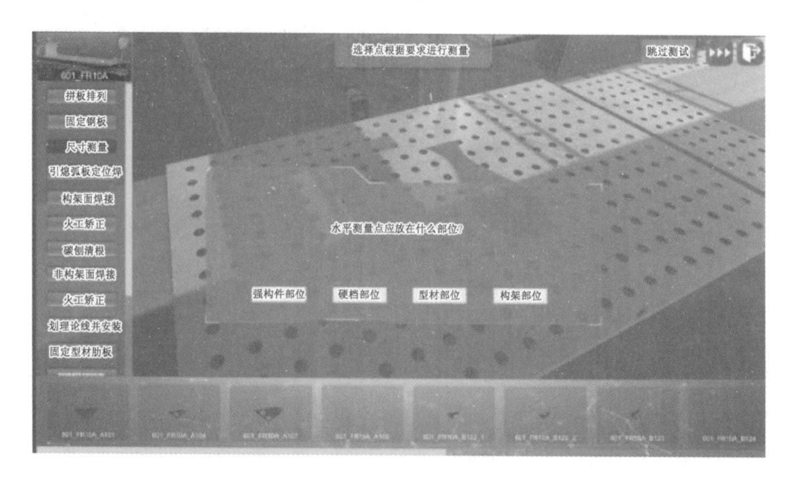

图 4.21　硬档部位选择

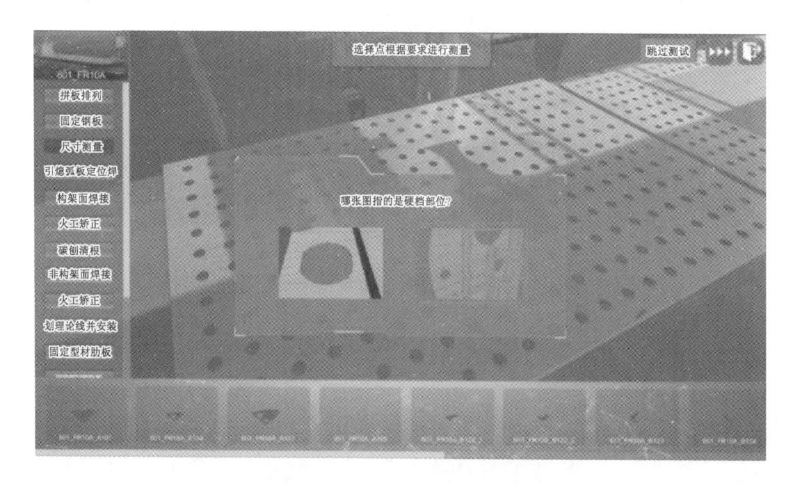

图 4.22　硬档部位辨识

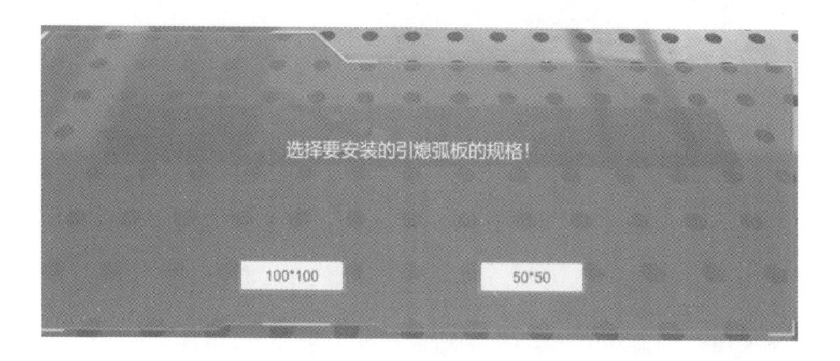

图 4.23　引熄弧板定位焊

在引熄弧板生成之后需要进行有规律的定位焊的数据填写。填写完成点击确定,答案正确后,进行下一步,错误会自动清空填入的内容。点击“取消”按钮清除掉已输入的内容。在操作界面最右边中间位置的图片表示问题的图片解释,将鼠标放置到此图片上会显示出放大后的图片,鼠标离开右边中间的解释图则放大后的图片关闭,如图 4.24 所示。

关于定位焊的问题：

(1)一般定位焊所规定的高度为多少毫米？答案:4 mm 或 5 mm。

(2)每次定位焊的焊缝长为多少毫米？答案:50 mm。

(3)每一次定位焊的焊缝间距为多少毫米？答案:500 mm。

(4)靠近引熄弧板的一定间距内是不允许存在点焊的,这个间距为多少毫米？答案:100 mm。

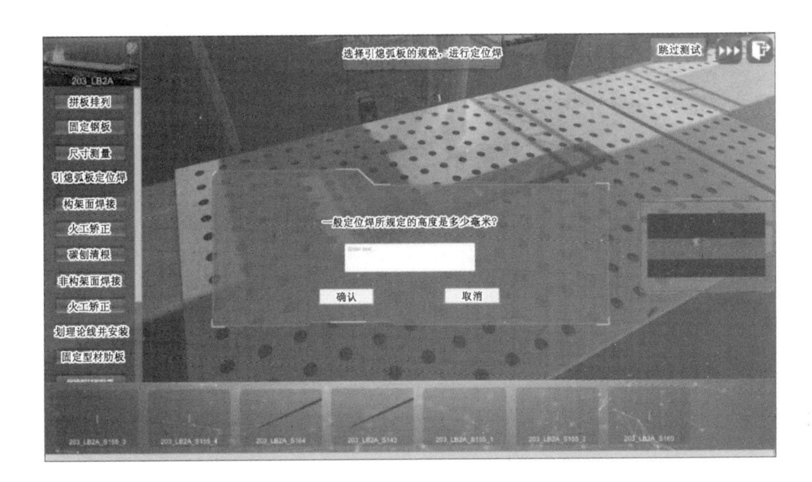

图 4.24　定位焊规定的高度填写界面

7. 构架面焊接

选择焊接设备,根据上面选择的引熄弧板来确定需要使用的焊机。50 * 50 的引熄弧板选择二氧化碳焊;100 * 100 的引熄弧板选择埋弧焊。直接点击图片则选择成功,如图 4.19 所示。

8. 火工矫正

焊接完成之后需要检查焊缝附近是否出现变形,根据提示出现变形的图片,判断进行火工矫正是否需要翻身。

图 4.25 表示火工矫正不需要进行翻身示例。

图 4.26 表示火工矫正需要进行翻身示例。

9. 碳刨清根

选择清除焊缝根部缺陷使用的操作方法。正确答案:碳刨清根。直接点击图片则选择成功,如图 4.27 所示。

10. 非构架面焊接

与构架面焊接一样的原理,50 * 50 的引熄弧板选择二氧化碳焊;100 * 100 的引熄弧板选择埋弧焊。直接点击图片则选择成功,如图 4.19 所示。

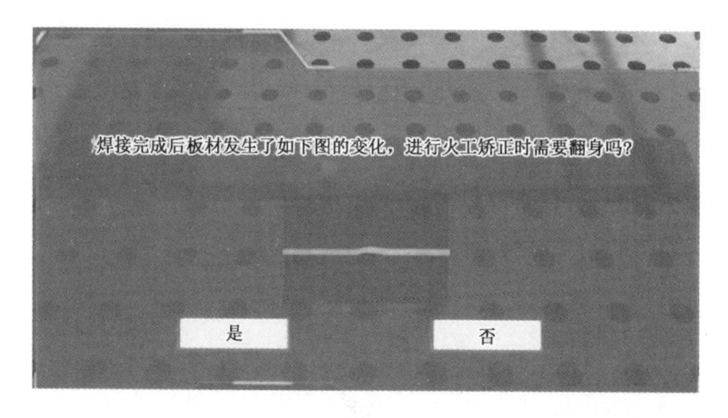

图 4.25　火工矫正不需要进行翻身示例

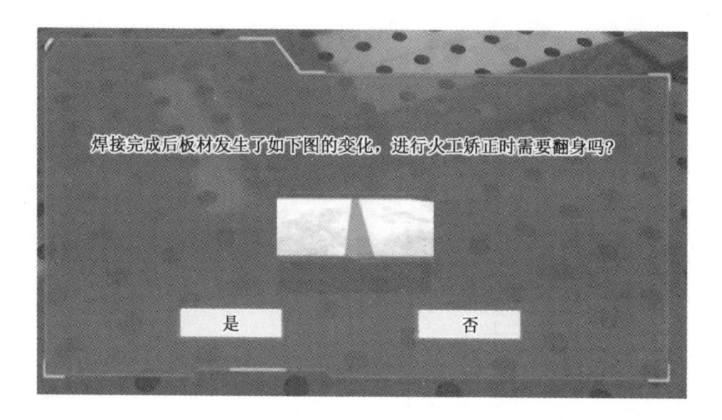

图 4.26　火工矫正需要进行翻身示例

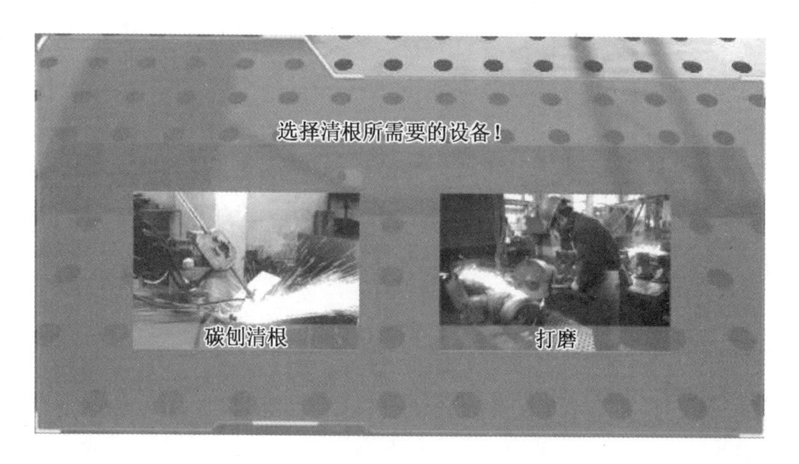

图 4.27　碳刨清根设备选择界面

11. 划理论线并安装

在小组立上需要安装型材板或者肋板，在拼板翻身使构架安装面朝上，自动显示出理论线。在下方的型材和板材中选择正确的型材摆放在正确的位置，先选中下方的型材，按钮颜色会变成橘色，再选择正确的放置点。放置正确之后，相对应的型材按钮会清除掉。选中错误的型材时，不会进行摆放，会出现错误提示，如图 4.28 所示。

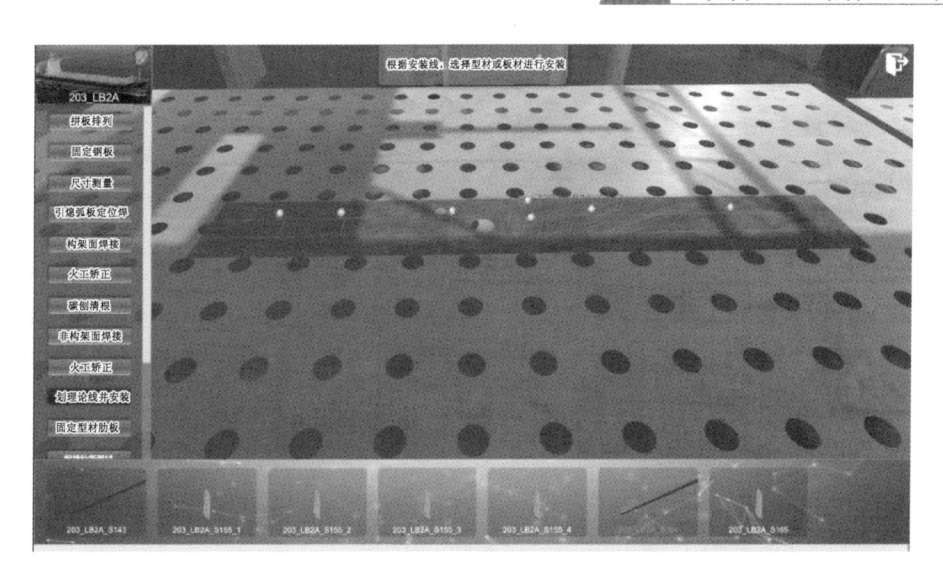

图 4.28　划理论线界面

型材摆放依据朝中原则,安装线选择在与型材球首相反方向的边缘,如图 4.29 所示。

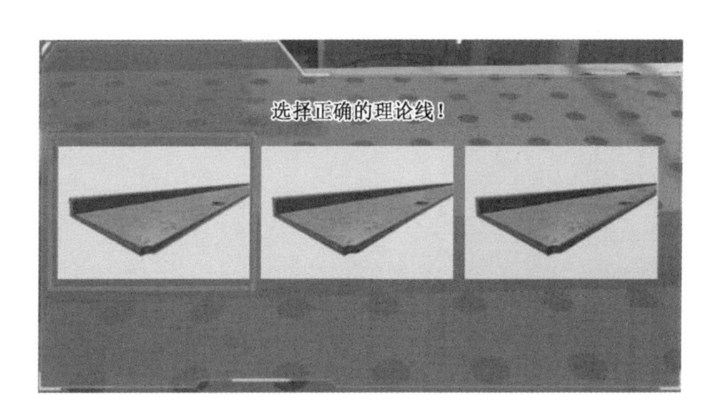

图 4.29　选择正确的理论线 1

部分组立装配需要先装备环形板材,在下方的按钮中选择正确的环形板材摆放在正确的位置。然后先选择下方的型材,按钮颜色会变成橘色,再选择正确的放置点。放置正确之后,相对应的型材按钮会清除掉,如图 4.30 所示。

摆放之后需要选择正确的安装线,根据图纸选择安装线位置进行摆放安装。直接点击图片选择成功,如图 4.31 所示。

12. 固定型材肋板

选择固定型材的焊接设备。正确答案:二氧化碳焊。如图 4.19 所示,直接点击图片选择成功。

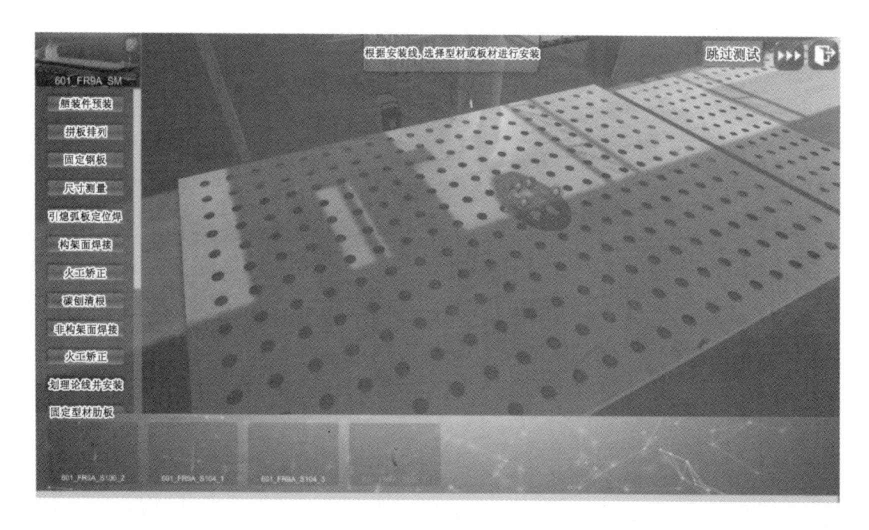

图 4.30　根据安装线选择型材或板材

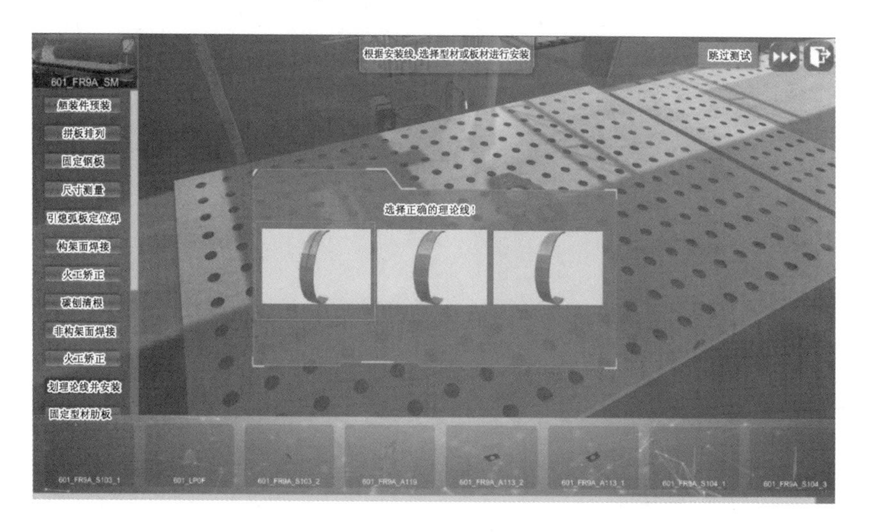

图 4.31　选择正确的理论线 2

13. 焊接型材肋板

选择焊接型材的焊接设备。正确答案:角焊机。如图 4.19 所示,直接点击图片选择成功。部分分段还需要装配加强筋的部分,加强筋的装配方法与型材相似,也需要放置正确的位置,进行固定焊接。加强筋的朝向根据图纸上的朝向来进行选择摆放。

(1)放置加强筋的位置。在下方的型材和板材中选择加强筋摆放在正确的位置,先选中下方的加强筋,按钮颜色会变成橘色,再选择正确的放置点。放置正确之后,相对应的加强筋部分的按钮再次点击无反应,如图 4.32 所示。

加强筋的选择也依据朝中原则。图上加的标记表示板厚的朝向。将加强筋上的安装线与理论线对照,选择理论线正确的图片。直接点击图片选择成功,如图 4.33 所示。

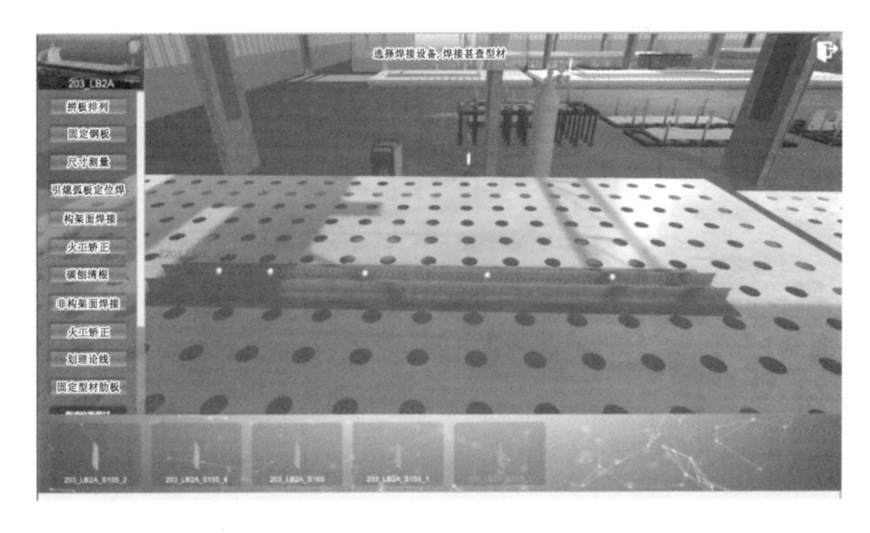

图 4.32　放置加强筋的位置界面

图 4.33　选择正确的理论线 3

加强筋的朝向依据图纸上的朝向进行选择。查看图纸上放置的板材为上下左右四个方向中的哪一个来进行选择。直接点击图片选择成功，如图 4.34 所示。

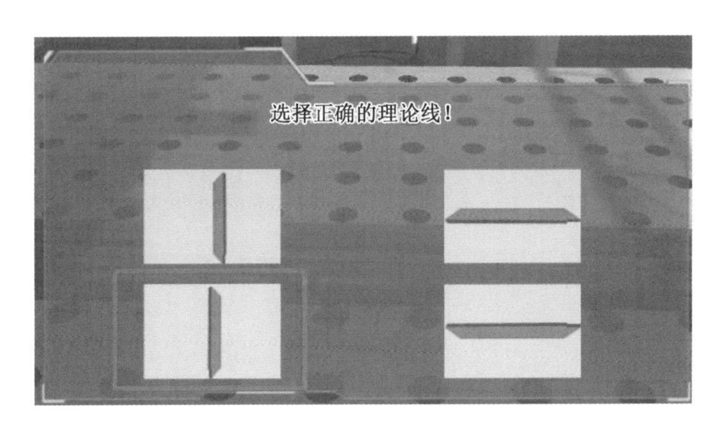

图 4.34　选择正确的理论线 4

(2)固定型材肋板。选择固定型材焊接的焊接设备。正确答案:二氧化碳焊。直接点击图片则选择成功,如图 4.19 所示。

(3)焊接型材肋板。选择焊接型材的焊接设备。正确答案:角焊机。直接点击图片则选择成功,如图 4.19 所示。部分小组立需要放置腹板,依据居中朝向选择腹板摆放到正确的位置,如图 4.35 所示。位置正确之后,朝向根据图纸来进行选择,判断正确的安装线,如图 4.36 所示。

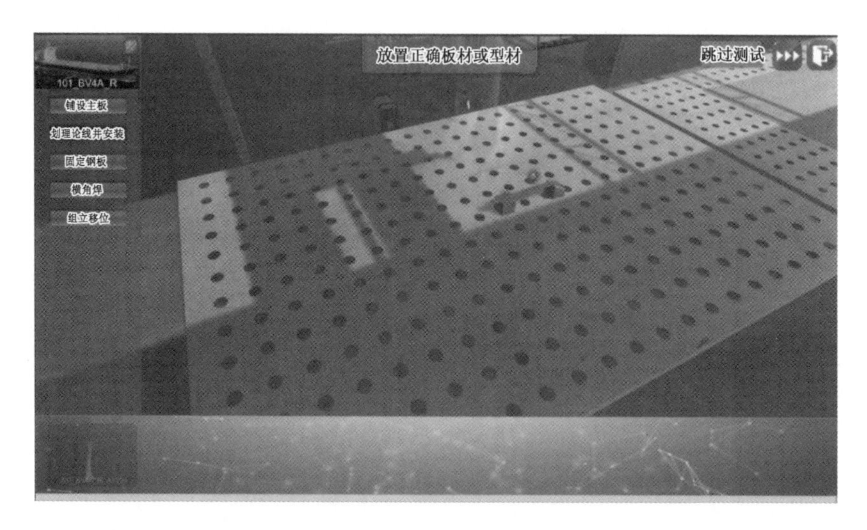

图 4.35　选择腹板摆放到正确的位置

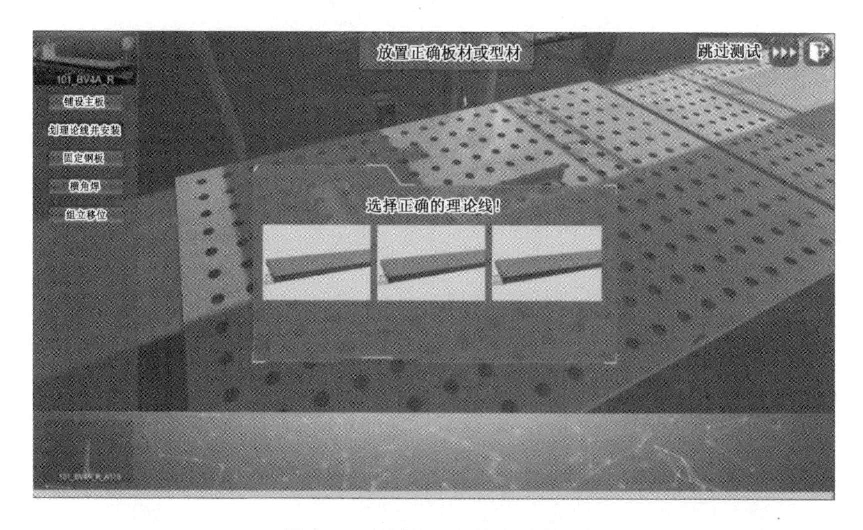

图 4.36　选择正确的理论线 5

14. 焊缝检测

型材肋板焊接完成之后,会自动进行板材焊缝上的无损检测,然后会出现一个检测结果,根据检测结果图片判断是否存在缺陷。焊缝检测有磁悬液检测和超声检测两种检测方式。

(1)图4.37 和图4.38 所示为磁悬液检测结果图,其中图4.37 为有缺陷的检测结果,图4.38 为没有缺陷的检测结果。

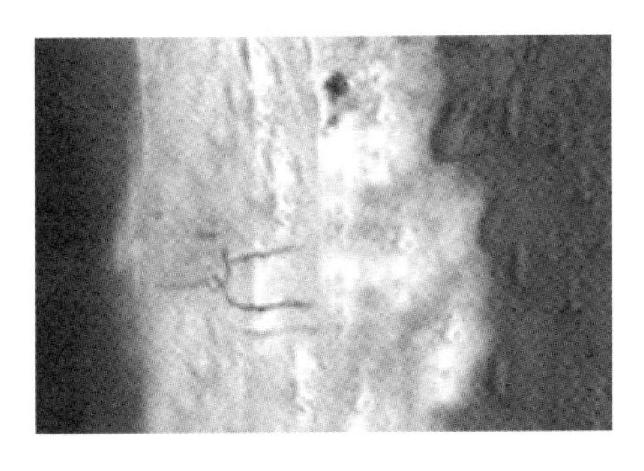

图 4.37　磁悬液检测有缺陷

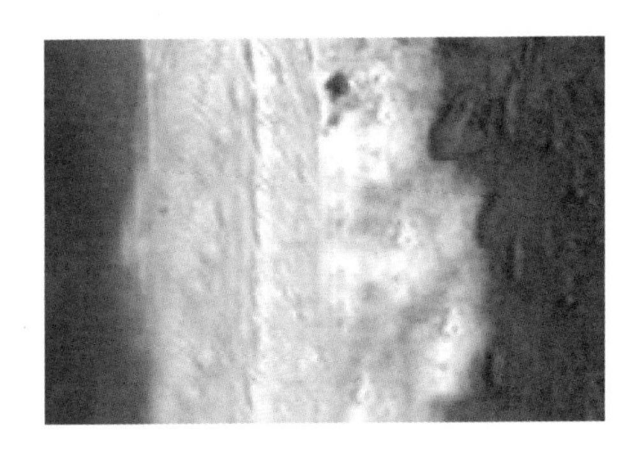

图 4.38　磁悬液检测没有缺陷

(2)图4.39 和图4.40 所示为超声检测结果图,其中图4.39 为有缺陷的检测结果,图4.40为没有缺陷的检测结果。

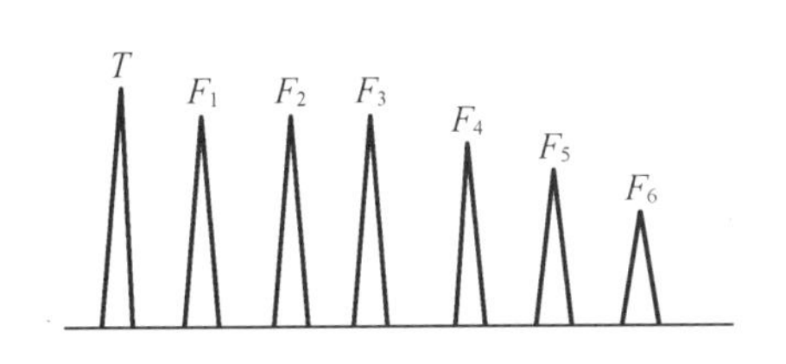

图 4.39　超声检测有缺陷

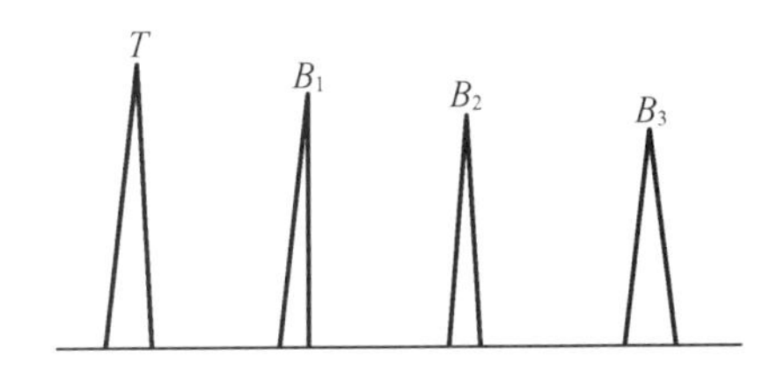

图 4.40　超声检测没有缺陷

15.装吊钩

在板材边缘的顶点安装吊钩。直接选择显示出来的位置点,正确放置吊钩,如果选择错误会出现弹窗提示,如图4.41 所示。

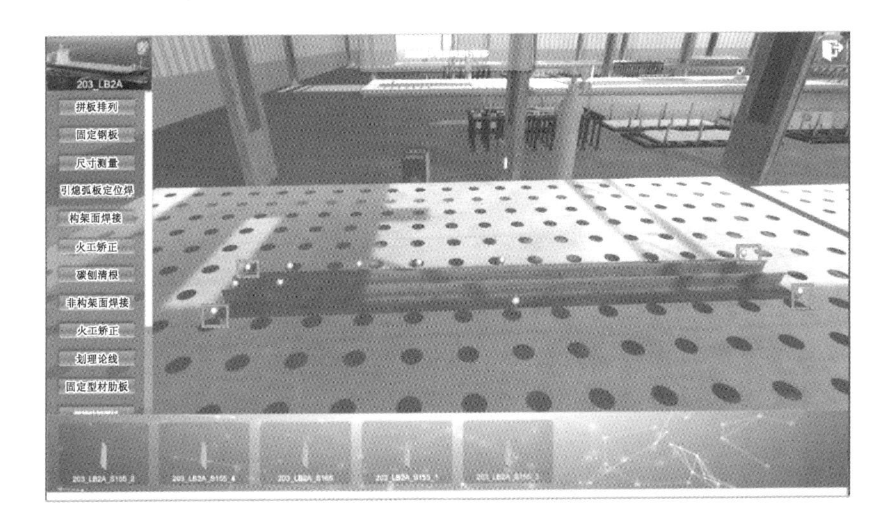

图 4.41　吊钩放置位置选择

16. 吊钩着色检测

在吊钩选择完成之后，会进行着色检测。检测完成之后，会返回着色检测结果图。根据返回的检测结果图进行判断是否存在缺陷。图 4.42 和图 4.43 所示为检测结果图，其中图 4.42 为有缺陷的检测结果图，图 4.43 为没有缺陷的检测结果图。

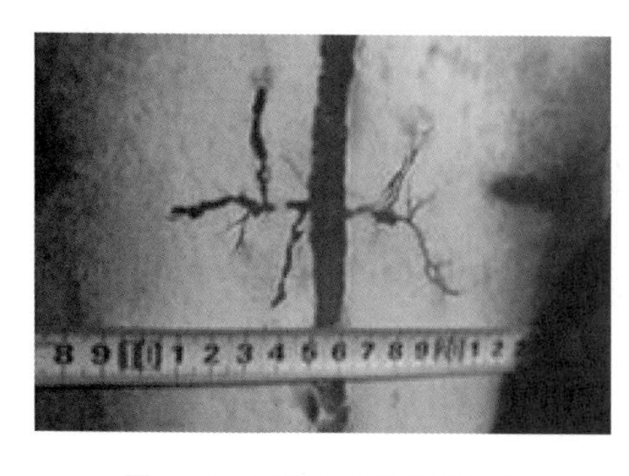

图 4.42 吊钩着色检测有缺陷

图 4.43 吊钩着色检测没有缺陷

17. 搬移小组立

拼装好的组立自动从平台上移出，显示组立完成时点击“确定”按钮跳转回主界面，如图 4.44 所示。

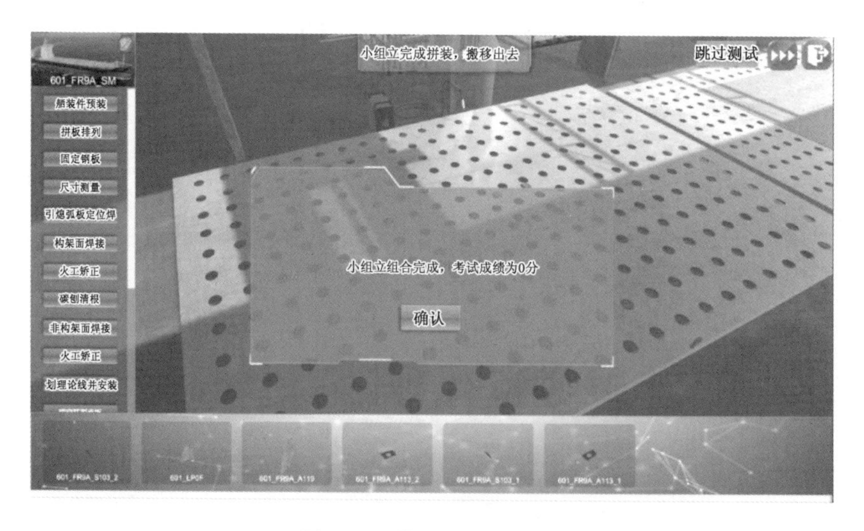

图 4.44 搬移小组立界面

18. 舾装件预装

在按流程顺序完成进入下一步后，会自动进行舾装件的装配，如图 4.45 所示。

19. 铺设主板

部分小组立装配时只需要一块主板。先选中下方的型材，按钮颜色会变成橘色，再选择正确的放置点。放置正确之后，相对应的型材按钮会清除掉，如图 4.46 所示。

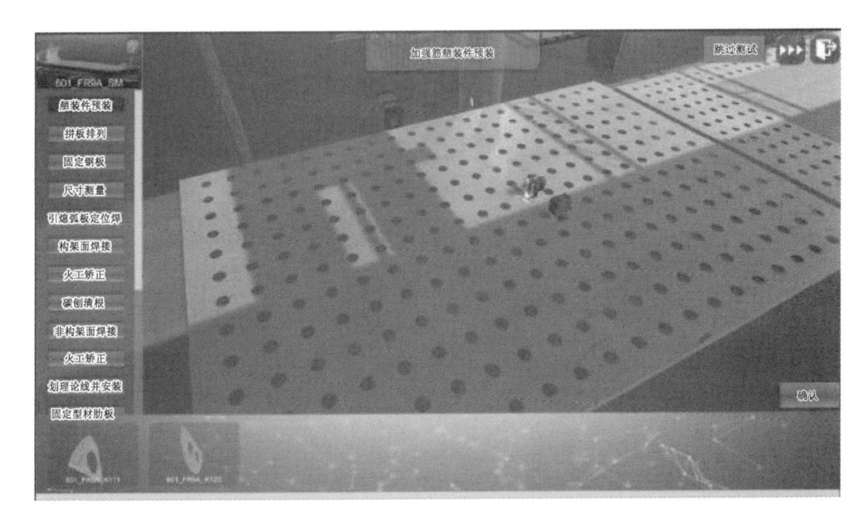

图 4.45　舾装件预装

图 4.46　铺设主板

20. 实训任务工作活页

前往“实训任务 4.2 工作活页”，开展实训并按活页要求完成记录。

项目五　船体分段建造

一、项目目标

1. 掌握船舶虚拟建造软件“分段建造”的操作方法；掌握船体分段类型和船体分段建造法分类。

2. 通过船舶虚拟仿真建造软件“分段建造”模块学习，掌握分段建造过程中的各项工艺知识和技术要点。

3. 掌握船舶虚拟仿真建造软件“船舶总装”模块的操作方法，掌握船舶总段装配工艺基础知识。

二、项目任务

1. 掌握船舶虚拟建造软件“分段建造”的操作方法，熟悉典型分段的制造流程。

2. 掌握分段建造工艺的胎架制作、装配、精度管理、焊缝检验、密性试验工艺知识。

3. 通过船舶虚拟建造软件的“分段建造”模块，熟悉典型分段的组立装配顺序和分段建造工艺技术要点。

4. 掌握船舶总段装配工艺的基础概念；通过船舶虚拟仿真建造软件“船舶总装”模块实训，熟悉分段总组中的施工工艺要点。

三、课时计划

序号	实训任务	课时计划		
		教学做	活页训练	合计
5.1	认识分段建造工艺模块	0.5	1	1.5
5.2	分段建造工艺虚拟仿真实训	0.5	2	2.5
5.3	船舶总段装配工艺虚拟仿真实训	1	3	4
合计		2	6	8

实训任务 5.1　认识分段建造工艺模块

5.1.1　实训目标

(1)掌握船体分段类型和船体分段建造法分类。
(2)掌握船舶虚拟建造软件“分段建造”的操作方法。

5.1.2　实训内容

(1)掌握船体分段和船体分段建造法的基本概念。
(2)掌握船舶虚拟建造软件“分段建造”的操作方法,熟悉典型分段的制造流程。

5.1.3　实训指导

1. 船体分段建造工艺概述

船体分段建造法是将零件、组立和预装好的分段在胎架上组合焊接成分段或总段,然后由船台装配成整船的建造方法。船舶分段建造法是目前造船最基本的方法,也是所有后续推出的现代造船方法的基点和出发点。具体来说,所有现在采用的先进造船方法,无论是总装建造、智能制造还是5G智慧物流技术的应用,都是建立在船体分段建造法的基础之上的。

船体分段是船体分段建造工艺最典型、最重要的中间产品,是由零件、组立组装而成的船体局部结构。它的种类很多,按其外形特征大致可以分为表5.1所示几类。

表 5.1　船体分段类型表

类型	特点
平面分段	平直板列上装有骨材的单层平面板架。如舱壁分段、舱口围壁分段、平台甲板分段、平行中体处的舷侧分段等
曲面分段	曲面板列上装有骨材的单层曲面板架。如单底分段、甲板分段、舷侧分段等
半立体分段	两层或两层以上板架所组成的非封闭分段,或者是单层板架带有一列与其成交角的板架所构成的分段。如带舱壁的甲板分段、带舷侧的甲板槽形(门形)分段、甲板室分段等
立体分段	两层或两层以上的板架所组成的封闭分段,或者是由平面(或曲面)板架所组成的非环形立体分段。如双层底分段、边水舱分段、艏立体段、艉立体段等

2. 船体分段建造法分类

根据船舶形状、大小不同,考虑船厂起重和生产条件的特点,在设计建造过程中把船舶分为不同数量的船体分段,各个船体分段的形状、大小不一,在建造时采用的建造方法也可以分为不同类型,如表5.2所示。

表 5.2　分段建造法分类表

<table>
<tr><th>分类方式</th><th>建造方法</th><th>特点</th></tr>
<tr><td rowspan="2">按装配基面分</td><td>正造法</td><td>分段建造时的位置与其在实船上的位置一致，处于正放位置，如图 5.1 所示。正造法施工条件好，型线易保证；需要制造专用胎架，从而消耗大量的辅助材料；构架划线工作量大且技术要求高。通常用于单底分段、机舱底部分段等 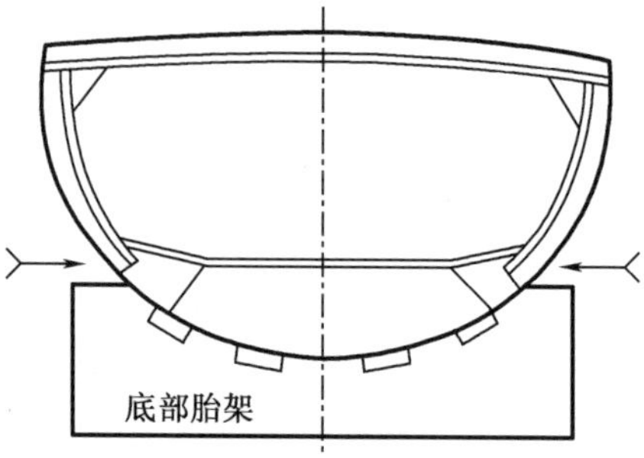
图 5.1　正造法</td></tr>
<tr><td>反造法</td><td>反造法是指分段建造时的位置与其在实船上的位置相反，处于翻转状态，如图 5.2 所示。反造法胎架简单，若基面是平面构件时，在通用平台上就可以制造，省去了制作正造线型胎架的材料和工作量。采用反造法进行构架划线工作和装焊工作，效率高，可以只进行一次翻身。常用于双层底分段和以甲板为基面的分段等 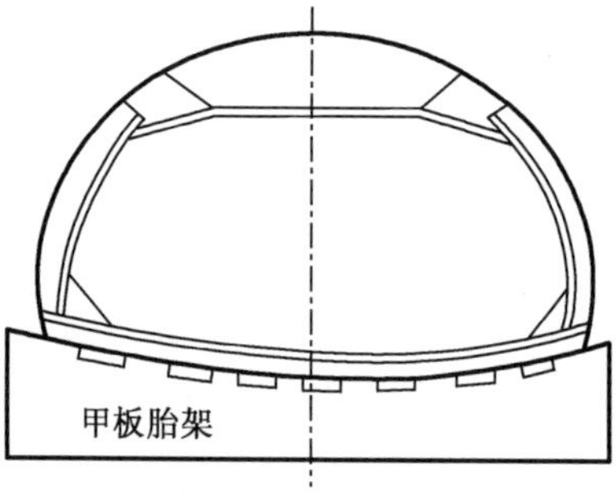
图 5.2　反造法</td></tr>
</table>

表 5.2(续1)

<table>
<tr><th>分类方式</th><th colspan="2">建造方法</th><th>特点</th></tr>
<tr><td>按装配基面分</td><td colspan="2">侧(卧)造法</td><td>侧(卧)造法是指分段建造时的位置与其在实船上的位置成一定的角度,如图5.3所示。侧造法一般以船中心线平面作为基准面来制造外板线型胎架;卧造法往往以隔壁为基准面进行安装定位。侧(卧)造法改善了施工条件,简化了胎架的制造工作。侧造法通常用于舷侧分段;卧造法通常用于舱壁分段、球鼻艏分段、艏柱分段等 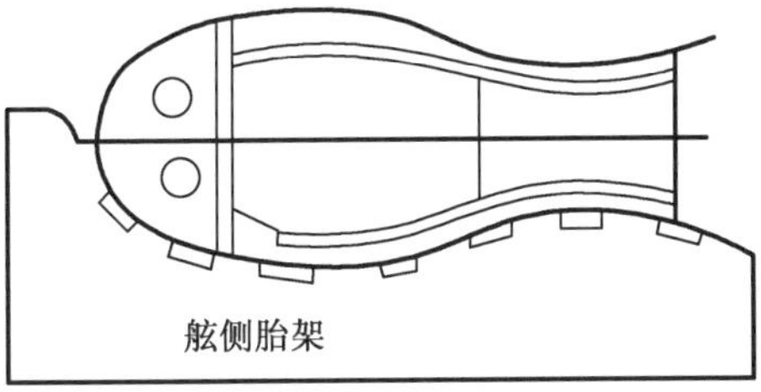
舷侧胎架
图5.3　侧(卧)造法</td></tr>
<tr><td rowspan="2">按构件安装方法分</td><td rowspan="2">散装法</td><td>分离装配法</td><td>散装法是在拼板的板列上,依次将纵材、肋板、桁材等内部构架进行装配、焊接的一种方法。
分离装配法是在分段装配基准面的板列上,先安装布置较密的主向构件并进行焊接,再安装交叉构件并进行焊接,如图5.4所示。这是一种装配与焊接交替进行的装焊方法,有利于扩大自动焊、半自动焊的范围,但装配、焊接工作分离,使装配工作不连续。该法适用于结构刚性大、钢板厚、以纵骨架式为主的大中型船舶的分段制造 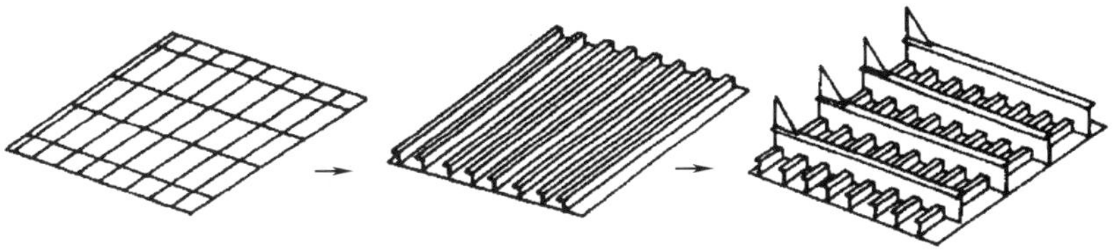
图5.4　分离装配法</td></tr>
<tr><td>放射装配法</td><td>放射装配法是在分段装配基准面的板列上按照从中央向四周的放射状方向,依次交替地装配纵、横构件和焊接,如图5.5所示。这种方法引起的分段变形小,适用于曲率变化大、钢板稍薄的分段制造 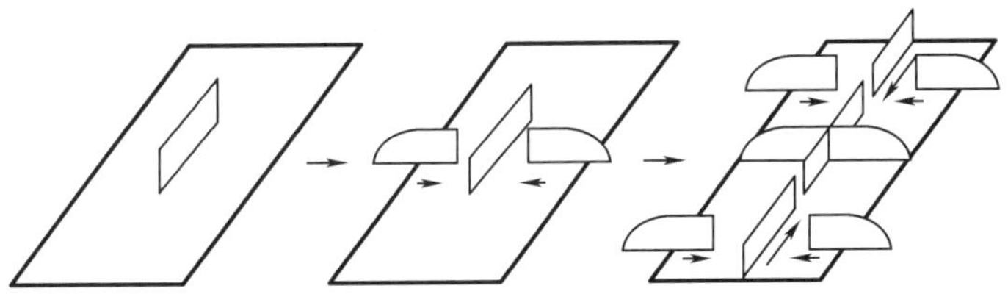
图5.5　放射装配法</td></tr>
</table>

表 5.2(续 2)

<table>
<tr><th>分类方式</th><th colspan="2">建造方法</th><th>特点</th></tr>
<tr><td rowspan="2">按构件安装方法分</td><td>散装法</td><td>插入装配法</td><td>插入装配法是在分段装配基准面的板列上先安装间断的纵向构件,再装插入横向构件,然后将连续的纵向桁材插入横向构件中,最后再进行焊接,如图 5.6 所示。这种方法可使构件吊装的时间集中,不需吊车随时配合,但插入安装难度较大,适用于钢板较厚且制造场地起重设备负荷较大的中型船舶的分段制造
图 5.6　插入装配法</td></tr>
<tr><td colspan="2">框架法</td><td>框架法是先将所有的纵、横构件组装成箱形框架并焊好,再与板列组装在一起形成分段,如图 5.7 所示。这种方法可变立焊为俯焊,便于框架焊接采用机械化;工作面得以扩展,有利于缩短分段制造周期;有利于减小焊接变形,适用于大型平直分段制造
图 5.7　框架法</td></tr>
</table>

3. 船舶虚拟建造软件“分段建造”模块简介

进入船舶虚拟建造软件后,在整体功能模块界面中,点击进入第四个模块“分段建造”,此时展开“阳光万里号”散货船的典型分段编码,双击分段编码,即可在软件中看到对应的分段(图 5.8),此时右上角将出现“训练”按钮,点击即可进入该分段的工艺制造虚拟仿真学习过程。

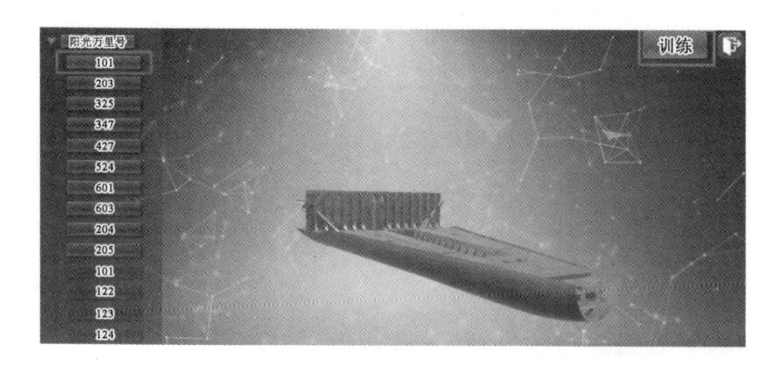

图 5.8　“分段建造”模块的操作界面

动画 5.1　“分段建造”模块操作方法

如表 5.3 所示，不同大小、位置、形状分段的具体建造工艺内容和顺序十分复杂。进入分段建造的训练模式后，首先会看到分段建造工艺顺序选择界面，虚拟造船软件将不同分段的建造工艺归纳为胎架制作→划线→装配→精度检验→焊缝检验→密性试验等 6 项主要工艺步骤（图 5.9），并细化为完工测量、验收，划纵横构架线，密性试验，焊接纵骨及纵桁，焊接肋板，安装吊环、加强，分段翻身焊接，安装纵骨及纵桁，火工矫正，安装外板纵骨，安装肋板，内底板大拼板铺板，划分段中心线、肋骨检验线，安装外板大拼板等 14 项具体工艺步骤（图 5.10）。

表 5.3　不同典型分段建造工艺顺序（参考）

分段类型	建造工艺顺序（参考）
双层底分段（反造法）	胎架制作→底板装焊→在底板上画纵横骨架线→纵横骨架的安装→焊接→分段舾装→内底板装焊→分段翻身→测量→检验→密性试验
平面舱壁分段（侧造法）	舱壁板拼板和焊接→划线→切割余量→安装舱壁构架（扶强材/桁材）→焊接→火工矫正→加装临时加强材→测量→检验
单舷侧分段（侧造法）	吊装外板→焊接→划构架线→安装肋骨→安装舷侧纵桁→插入强肋骨→焊接→划出分段定位水线、肋骨检验线→装焊吊环及加强→吊离胎架→翻身、清根、封底焊→火工矫正→测量→检验→密性试验
双舷侧立体分段（侧造法）	吊装已拼好的纵壁板上平台定位、固定→构架划线→装纵骨→装强肋骨框架、小横舱壁等→装甲板（平台）→装舷侧外板→焊接→矫正变形→划出分段检查线、定位肋骨线等→完工测量→检验→密性试验
甲板分段（反造法）	胎架制作→甲板拼板→纵横骨架划线→纵横骨架安装→焊接→分段翻身→测量→检验→密性试验

图 5.9　“分段建造”模块 6 项主要工艺步骤

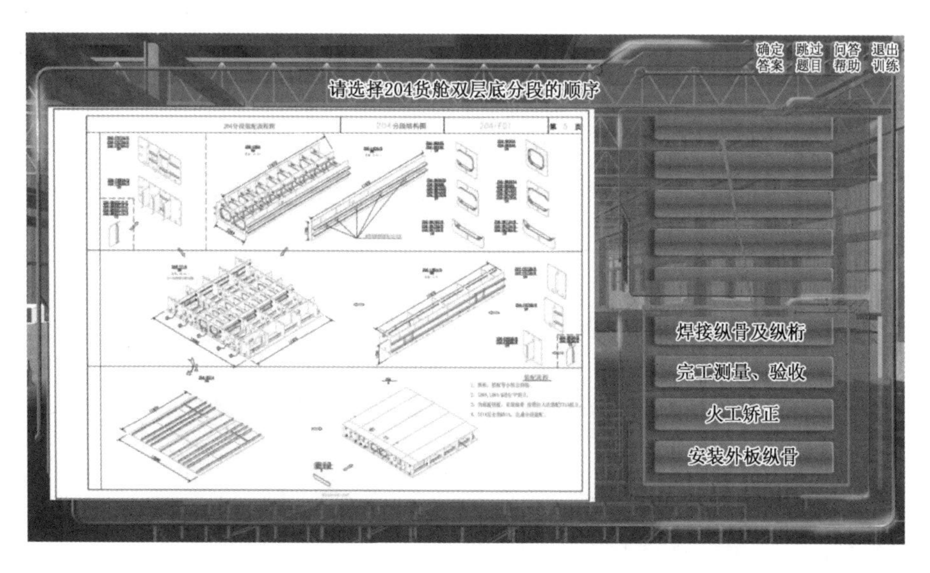

图 5.10 “分段建造”模块 14 项具体工艺步骤

4. 分段制造顺序

在本虚拟仿真实训软件中,部分典型分段制造顺序如表 5.4 所示。

表 5.4 部分典型分段制造顺序

分段	组成小分段	分段制造(参考)顺序
325 底部舷侧边舱分段	斜旁板小分段	斜旁板大拼板铺板→划纵横构架线→安装纵骨→焊接纵骨→安装肋板→焊接肋板→安装底部及舷侧外板纵骨→安装底板外板大拼板→安装外板转圆板→安装舷侧外板大拼板→焊接外板与纵骨→焊接外板与肋板→安装吊环、加强→分段翻身焊接
	内底板小分段	内底板大拼板铺板→划纵横构架线→安装纵骨及纵桁→焊接纵骨及纵桁→安装肋板→焊接肋板→安装外板纵骨→安装外板大拼板→安装吊环、加强→分段翻身焊接
	小分段合拢	以外底板为基面,两个小分段合拢→焊接内底板→焊接外底板→焊接其他构架→划分段中心线、肋骨检验线→火工矫正→密性试验→完工测量、验收
427 槽型隔舱分段	槽型舱壁	单个槽型上专用胎架→大槽型装配定位焊→安装顶板→槽型舱壁焊接→安装吊环、加强→翻身焊接
	下墩	斜板(前舱壁板)上胎架铺板→划纵横构架线→安装纵向加强筋→焊接纵向加强筋→安装其他构架→安装平台板及后舱壁板→安装吊环、加强→小分段翻身焊接
	合拢	以槽型舱壁为基准侧台总组装配→焊接→划分段中心线、肋骨检验线→密性试验→完工测量、验收

表 5.4(续)

分段	组成小分段	分段制造(参考)顺序
603 艉部分段		主甲板大拼板铺板→划纵横构架线→安装纵骨及纵桁→焊接纵骨及纵桁→安装肋板→焊接肋板→安装挂舵臂→安装艉封板→焊接艉封板→安装外板纵骨→曲面外板散贴→焊接曲面外板→安装吊环、加强→分段翻身焊接→划分段中心线、肋骨检验线→火工矫正→密性试验→完工测量、验收

5. 实训任务工作活页

前往“实训任务 5.1 工作活页”,开展实训并按活页要求完成记录。

实训任务 5.2　分段建造工艺虚拟仿真实训

5.2.1　实训目标

通过船舶虚拟仿真建造“分段建造”模块,掌握分段建造过程中的各项工艺知识和技术要点。

5.2.2　实训内容

(1)掌握分段建造工艺的胎架制作、装配、精度管理、焊缝检验、密性试验工艺知识。

(2)通过船舶虚拟建造软件的“分段建造”模块,熟悉典型分段的组立装配顺序和分段建造工艺技术要点。

5.2.3　实训指导

本虚拟仿真实训软件将船体分段的建造工艺分为胎架制作→划线→装配→精度检验→焊缝检验→密性试验等 6 项主要工艺步骤(图 5.2),下面介绍其中的主要工艺。

1. 胎架制作

胎架是船体分段装配与焊接的一种专用工艺装备,它的工作面应与分段外形相贴合,其作用在于使分段的装配、焊接工作具有良好的条件。随着数控切割的广泛采用,构件精度的提高,分段的线形精度可由构件来保证,因而胎架可由焊接式逐渐演变为支撑式的活络胎架。

(1)胎架设计与施工准备工作的注意事项

①胎架要建在有足够承载能力的平台基础上,平台本身不能有下沉变形现象;胎架要有足够的强度和刚度,以支承分段,保证装配线型。

②胎架设计要根据分段生产批量、场地面积、劳动力分配、分段建造周期、起重设备范围等因素选择胎架的形式和数量,并应根据分段的船体型线与形式选择合理的胎架基面切取方法,以满足生产计划的要求,改善施工条件,扩大自动、半自动焊的应用范围。

③胎架设计的一般流程:切取胎架基面→作胎架的侧框线→作胎架中心线→作辅助线

→标注必要的文字及尺寸→作胎架模板→量取胎架型值。

④整个胎架的最低高度(平台基础面到模板划线切割后的线型处的高度),不得小于0.6 m(一般取0.8 m);胎架模板或支柱端点型值,其所形成的工作面应与分段的外形相贴合;同时应计及为预防变形而加放的纵、横向反变形数值和外板的板厚差。板间距应按肋距设置,平行直线部分允许2个肋距设置,分段的对接缝及大接头处应根据实际情况另设模板。

⑤平台基础面上应按照分段的水平投影,划出各道纵横结构及船体中心线、角尺线,并标出胎架模板位置线,艏艉线型变化大的,模板厚度随结构理论线,其中心线和检验肋位及所需的基准线均应打出洋铯印标记,以供施工和检验。平台基础钢条面上的旧焊脚疤,必须刨平以后方能施工。划线前必须将平台基础面上扫除干净,最后使用冷风吹掉灰尘。

⑥样板在使用前应经复查,样板、样棒长度在6 m以内者,直线部分偏差允许±1 mm,曲线部分偏差允许±1.5 mm;6 m以上者可按比例增加允许偏差值。准备好所要建造分段的内(外)卡样板,样板在搬运和使用中必须注意避免撞击,样板应平放(或竖放)在平坦的地方,更不要将样板任意丢抛,要尽量保证精确度,不使其变形,用后应妥善保存。

(2)胎架施工技术及检验要求

①胎架上应划出肋骨号、分段中心线(假定中心线)、接缝线、水平线、检验线等必要的标记。对于工作面(离开平台基础面)较高的胎架,应安装脚手架和上下的梯子(或踏步),以确保工人生产的方便和安全。牵条、胎架模板与平台的基础面的连接处应进行加强焊接,以确保胎架强度和在分段施工中安全使用。

②胎架施工的一般流程:划胎架格线→平台上竖立模板→模板划线→切割模板→安装纵向角钢和边缘角钢(框架式胎架);划胎架格线→竖立支柱→做水平面→安装纵向牵条→量型值→调整支柱(支柱式胎架)。

③胎架模板的宽度为250~300 mm。胎架宽度方向尺寸必须小于分段的宽度(反身建造分段有例外情况),自分段宽度边缘(计入外板厚度)起至胎架模板的外缘之间尺寸为50~100 mm。

④胎架模板的厚度一般为8 mm左右,若板材厚度不一致,一律将划线一面拼接平。应该考虑到分段的不同厚度的钢板在胎架上安装时,模板的线型也应根据不同厚度划线。对于型线光顺度要求高的船只,模板厚度随线型削斜,以利于分段与模板贴紧。

⑤模板间距的允许偏差为±2 mm。模板平直度允许偏差为±3 mm。模板垂直度按其肋位线一面在船中和边口垂直于地面上的肋位线允许偏差为±2mm。胎架的四角水平允许偏差为±2 mm;胎架的四角水平与地面中心线不重合允许偏差为±1 mm。

⑥模板之间应设置纵向牵条,牵条位置应选择在纵向构件处。它既可当作纵向构件线型的胎板,又是胎架纵向加强材。横向接头处,应增设纵向牵条,以保证横向接缝焊接后不致变形,同时也可确保拼板时的安全生产。

⑦每挡模板上应划出中心线(或假定中心线)外板接缝线、水平线、基线等必要标记。如利用肋板样或梁拱样板划线时,应另加放板厚度划线,这样才能避免遇到曲线或折角时外形轮廓缩小或缩短。模板的加强撑头一律焊装在样板划线的背面。

⑧胎架制造完毕后，利用检验线的标记，划出余量切割以后，即用样板进行第二次复验工作。胎架验收前，应在整个胎架上划出水平检查线，以供日后复查。对于批量生产的船舶，胎架在重复使用过程中，每制造一个分段前，必须对胎架正确性、完整性进行检验，若有变形，则矫正后再验收。

⑨胎架要按分段图纸及工艺要求检验船中心线、肋位线等标记；按设计要求检验模板框架的刚性及结构完整性，用粉线检验模板平直度；用样板或型值草图、水平仪检验模板型线的准确性与光顺性，当有甲板胎架出现脊弧时用脊弧样条检查；用吊锤（或角度样板）检查模板安装位置的垂直度（或倾角）；用卷尺检查模板安装位置的间距；用样条、样板检验胎架中心线（或假定中心线）、检查线、板缝线的准确性；用水平软管和水平仪检验胎架的水平度。

2. 装配

装配工艺是分段建造工艺的核心，基本内容包括选择分段装配基准面和工艺装备，决定合理的装焊顺序，决定合理的焊接程序，提出施工技术要求等四项。由于同一分段可有不同的制造方法和装焊顺序，不同的分段更可有各自不同的制造方法和装焊顺序，且分段装焊顺序的合理与否，直接影响分段制造的质量、装焊作业的难易程度、辅助材料的消耗量以及分段制造的周期等，因此选择适合于某一分段的最佳制造方法和装焊顺序是此工艺阶段的重要工作内容。

以船舶双层底反造法为例（图 5.18），其概括性建造装配流程是：平台准备→内底吊装、划线→装配纵横骨架→焊接、分段舾装→吊装外板、焊接→双层底分段翻身→装配舭部肘板、焊接→矫正变形、检验。

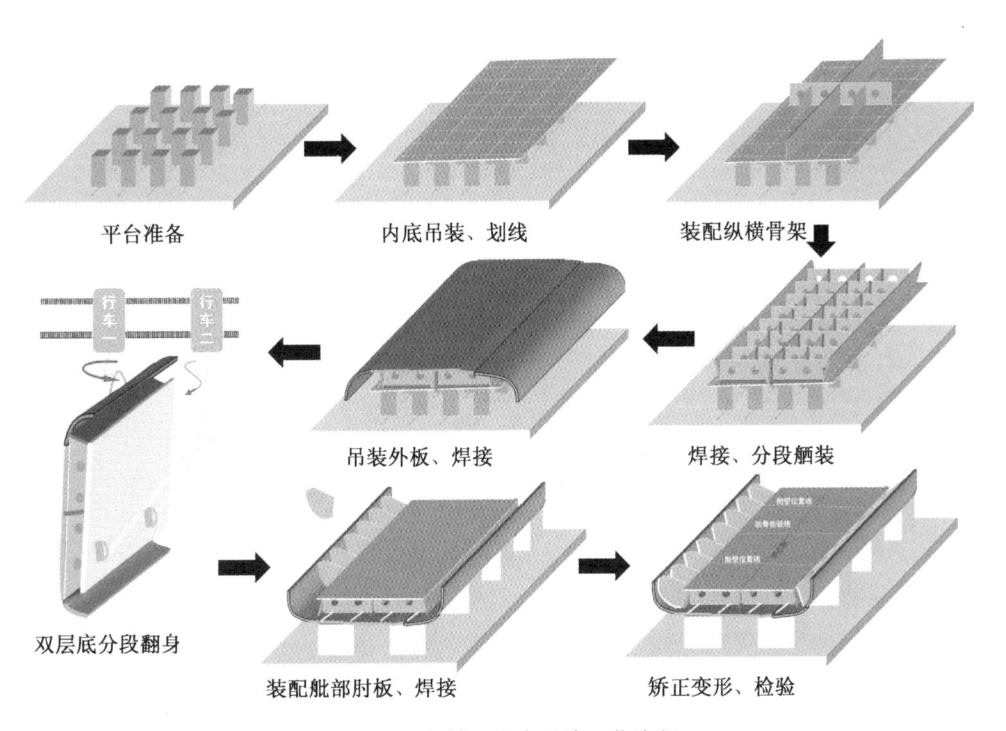

图 5.18　船舶双层底反造工艺流程

本造船虚拟仿真软件中，将装配工艺阶段细分为划分段中心线、肋骨检验线，划纵横构架线，内底板大拼板铺板，安装纵骨及纵桁，安装外板纵骨，安装肋板，安装外板大拼板，焊接纵骨及纵桁，焊接肋板，安装吊环、加强，分段翻身焊接，火工矫正，密性试验，完工测量、验收等14种工艺步骤。以上14种工艺步骤中的部分工艺内容不仅用于该阶段，也用于分段建造之前的组立装配、分段建造之后的船舶总组和船坞搭载阶段。其中“划分段中心线、肋骨检验线，划纵横构架线”均为典型划线作业；“安装纵骨及纵桁，安装外板纵骨，安装肋板，安装外板大拼板，安装吊环、加强”均为典型装配作业；“焊接纵骨及纵桁、焊接肋板、分段翻身焊接”均为典型焊接作业。

(1)划线作业

在分段建造的不同阶段均有划线作业，包括面板划线、拼板划线、结构划线、分段划线、分段余量划线等。下面介绍划线作业时的部分工艺要点：

①平直的板材经拼焊上胎架后，在自然状态下，板面应平直，没有明显凹凸不平的现象。

②一般厚度的板，要求其与胎架离空的距离不大于10 mm，对薄板则要求其与胎架离空的距离不大于5 mm。

③曲面状的板材上胎架后，或上架胎拼板后，其板面应光顺，特别是在胎架上所拼焊缝的区域不得出现反弯的现象，以保证外板的光顺性；曲面板在自然状态下，与胎架离空的距离不得大于20 mm。

④划线时，除一般的结构线外，特别应注意船体中心线、分段对合线、水线、余量检查线等的勘划。其中：中心线，应划在各平台、甲板的上表面或外底的下表面；同时结构面也应有中心线作舾装基准；水线(对合线)，一般应勘划于分段前后端的结构面上，具体尺寸按工艺要求提供划线数据；距中纵剖线(对合线)，其勘划要求同中心线；余量检查线，统一规定为距分段余量切割线100 mm进行勘划，平台、甲板必须勘划到其上表面，见图5.19；划线完毕后，应进行检查，特别是进行对角尺寸的检查，满足相关标准对公差的要求。

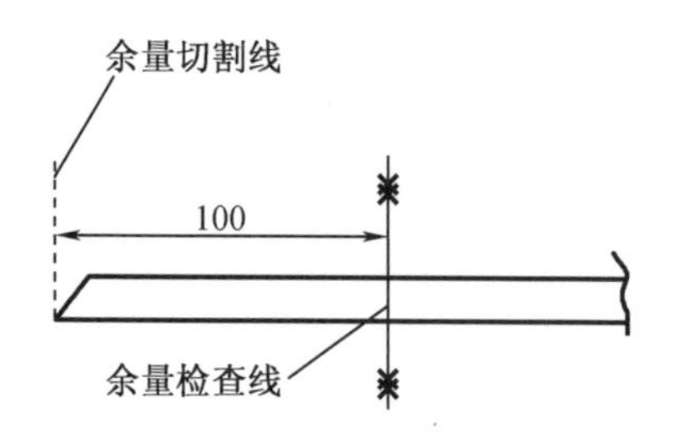

图5.19　余量检查线

(2)装配作业

装配就是将加工合格的船体零件组合成部件、分段、总段直至船体的工艺过程。船体装配分为船体结构预装焊和船台装焊，其中船体结构预装焊又分为部件装焊、分段装焊和总组装焊三道工序，所使用的设备有起重、电焊、气割和压缩空气设备，以及管道、平台和胎架，其中平台(图5.20)和胎架为主要工艺设备。

图 5.20 邮轮制造企业分段装配传送带式平台(左)和分段制造车间(右)

以上层建筑甲板肋骨和纵桁结构组立的装配作业为例,其装配步骤为:检查零件件号及尺寸是否与图纸要求相符→拼装桁材板、划线(安装线、检验线)→对接缝两端加焊引熄弧板、焊接→翻身、对接缝清根、焊接→反面划线、装焊构件→火工矫正→加设临时支撑(大于 6 m 的要用槽钢加强)→完工标记、完工测量、报检→做好清洁修正及油漆跟踪工作。下面介绍部分装配作业时的工艺要点:

①结构划线后,对于结构跨拼焊缝的情况,应在装配结构前,先将该处的焊缝增量磨掉或用气刨刨掉,去掉焊缝增量的长度一般为 30 mm,特别注意不要损伤母材。

②对采用分离式装配法的结构,在骨材装配时,应根据焊接方式决定是否放反变形。如采用单面焊,则应按 1/100 放反变形;如采用双面同时焊,则不用放反变形。

③在装配过程中,如结构与板离空较大时,应先查明原因,再做处理,不得简单地用装配马进行强制装配,特别是薄板结构或腹板尺寸小于 100 mm 的骨材,以减小结构的内应力,保证结构平整。

(3)焊接作业

焊接作业是船舶制造过程中最常见的作业形式,目前船舶制造企业极力推行焊接自动化,部件、平直分段的部分位置已经采用了焊接机器人,但依然有大量的焊接作业要依靠人工完成。下面介绍焊接作业中焊前预热、焊接方法、焊接顺序的部分工艺要点。

①焊前预热要求。

船舶要求从钢板的化学成分、接头设计、焊接方法及焊材类型四个方面综合考虑选取不同的预热温度。SWS 标准(上海外高桥造船有限公司发布的标准)要求:以钢板板厚为基准确定预热温度,钢板组合厚度 t_{comb} 计算公式见表 5.5。当环境温度高于 0 ℃时,预热温度见表 5.6。高热输入焊接方法预热温度可以减少 50 ℃。焊接修补时预热温度增加 25 ℃。

表 5.5　不同接头类型的组合厚度 t_{comb} 计算公式

接头类型	示例 1	示例 2	t_{comb} 计算公式
对接焊	d_1　d_2　d_3=0	d_1　d_2　d_3=0	d_1+d_2
T 型连接角接焊（单边焊）	d_3　d_1　d_2=d_1	d_3　d_1　d_2=d_1	$d_1+d_2+d_3$
T 型连接角接焊（双边焊）			$\frac{1}{2}(d_1+d_2+d_3)$

表 5.6　焊接不同材质在不同 t_{comb} 下的预热温度

材质和等级	$t_{comb}\leqslant 50$ mm	50 mm $<t_{comb}\leqslant 70$ mm	$t_{comb}>70$ mm
A, B, D, E	—	—	50 ℃
AH32, DH32, EH32, FH32	—	—	50 ℃
AH36, DH36, EH36, FH36	—	50 ℃	80 ℃
AH40, DH40, EH40, FH40	—	50 ℃	80 ℃

②常见焊接方法见表 5.7。

表 5.7　不同结构部位的焊接方法

种类		应用范围
手工电弧焊		部分结构对接和角焊缝，型材对接焊
埋弧焊	单面埋弧焊（FCB 法）	板厚≥10 mm，平面分段平直部分拼板
	双面埋弧焊	板厚 >5 mm，除单面埋弧焊外的所有拼板
CO_2 自动焊 + 埋弧焊		板厚 <5 mm 板拼板
CO_2 半自动焊		结构角焊及外板、甲板、平台板、舱壁、型材单面焊
CO_2 自动焊		平角焊及围壁对接缝焊
垂直气电焊		平行中体船台合拢
CO_2 实芯焊丝下行焊		围壁间立角焊缝

③选择正确的焊接顺序。

a. 先焊纵向对接焊缝，后焊横向对接缝。

b. 焊接板列时，先焊端接缝，后焊边接缝。若施工条件有限，不能做到上述原则，应在焊缝交叉处左右各留 300 mm 最后焊接，板列焊接顺序如图 5.21 所示。

c. 结构与板缝相交时，先焊好板缝，再焊结构间对接缝，最后焊结构间角焊缝和结构与板的角焊缝。

d. 对较长的焊缝（ >2 m），应采用逐步退焊法或分中逐步退焊法（除自动焊外），每段长 600 ~ 800 mm。

e. 圆孔及椭圆形孔的焊接顺序如图 5.22 所示。

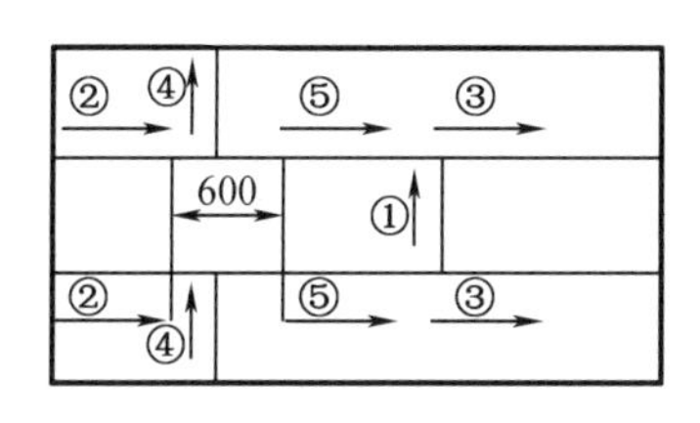

图 5.21　板列的焊接顺序

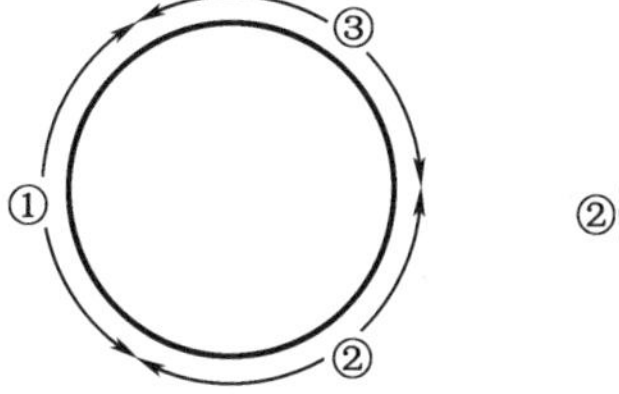

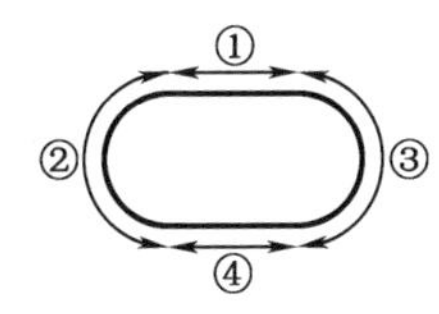

图 5.22　圆孔及椭圆形孔的焊接顺序

f. 环形分段大接缝焊接顺序如图 5.23 所示。

g. 带甲板的傍板分段大接缝焊接顺序如图 5.24 所示。

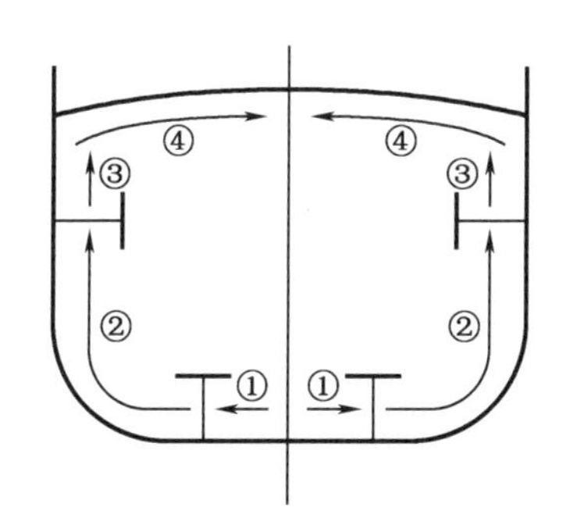

图 5.23　环形分段大接缝焊接顺序

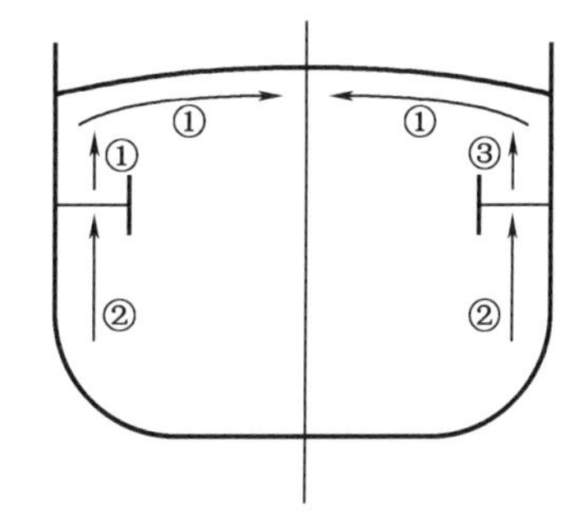

图 5.24　带甲板的傍板分段大接缝焊接顺序

④分段焊接作业工艺要点：

a. 傍板、甲板、底板分段采用分离装配法，先装焊纵向结构（采用 CO_2 自动角焊机），再装焊横向结构。

b. 严格控制装配精度。结构装配少用火工矫正，尽量采用顶、压、拉等方式解决定位问题。薄板对接缝装配使用专用“马板”（图 5.25），无须定位焊。

c. 分段制作对接接头采用 CO_2 焊（含衬垫单面焊），围壁对接缝采用 CO_2 自动焊。

d. 结构角焊缝采用 CO_2 焊和手工焊，围壁间立角焊缝采用 CO_2 下行焊，间断角焊要用样尺标出焊接位置，注意选择合理的焊接顺序。

e. 重要构件的接缝应用砂轮、钢丝轮或钢丝刷进行清理。

f. 多层多道焊时，要将层与层、道与道之间的药皮、飞溅物等清理干净，只有当上层或上道的药皮、飞溅等清理干净后才允许继续施焊。

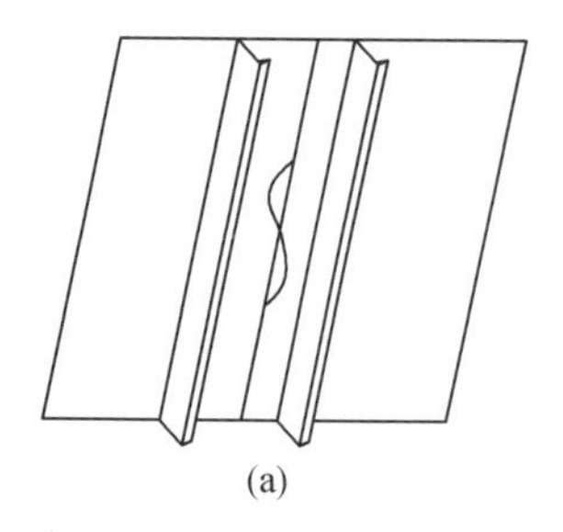

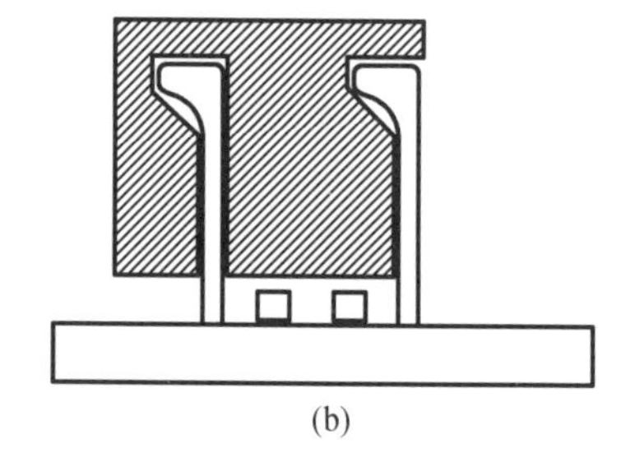

图 5.25　薄板对接缝装配使用专用“马板”

3. 精度管理

船体建造是根据设计图纸资料，经过放样、号料、加工、装配和焊接等一系列工序完成的。由于船体结构体积和重量大，构件数量、形状和尺寸规格繁多，加工工序和工艺复杂，加之手工作业量大，在整个施工过程中，船体零件、部件、分段、总段和整体主尺度等不可避免地会发生尺寸偏差。这种尺寸偏差产生的相关因素太多，要精确求取造船尺寸偏差的余量补偿值是相当困难的，所以在船体建造中，一般都留有大于余量补偿值的造船工艺余量，装配中经过定位后再切除实际多余余量，以保证作业顺利和建造质量。但是，这些多余的余量势必造成对尺寸的预修整（在零件、部件组装前修整准确后再行组装）或现场修整量增大，这些修整工作包括重新测量、画线、切割、装配和矫正等，几乎都是手工作业，据统计，它所消耗的工时约占船体建造总工时的四分之一。各国都十分注重修整工作的减少和消除，在取得大量生产实践测量数据的基础上，运用数理统计的方法，不断地研究、制订、修改和完善船体建造公差标准，采用无余量造船方法，配合现代化管理，以减轻劳动强度，缩短造船周期。

造船精度管理，就是在船舶建造过程中，将船舶零件、部件、分段和全船的建造尺寸控制在规定范围内的工作方法和管理制度（图 5.26）。

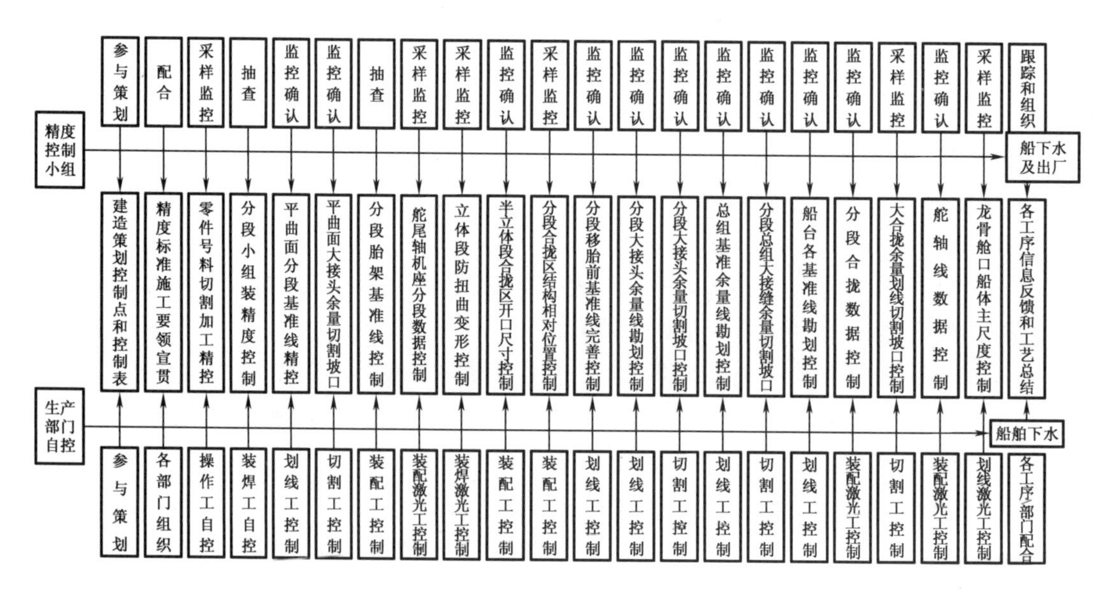

图 5.26　某船厂船体建造精度管理与控制内容和程序图

精度管理是现代造船生产管理的核心技术之一。实现精度管理,需要利用统计技术和计算机技术处理和反馈信息,需要科学的造船生产管理体系,同时需要大量采用先进的机械化加工手段。造船精度管理是精益造船的主要技术,能够缩短造船周期、降低造船成本、提高造船质量、应对 PSPC 标准、提高钢材利用率和劳动生产效率。科学技术及仪器设备发展水平,制约着传统造船生产管理水平。

4. 焊缝检验

船体焊缝焊接质量对船舶建造质量有很大的影响,甚至直接影响到船舶的安全使用。焊接接头的质量好坏直接影响到产品的安全使用。如船舶主要结构的焊接接头存在严重的焊接缺陷时,在大风大浪的冲击下,该结构可能破坏甚至使整个船体断裂。其他焊接结构存在焊接缺陷时,也会造成重大损失。经验和教训使人们认识到,对焊接接头进行必要的检验是保证焊接质量的一项重要措施。质量检验既能减少废品的产生,也能及时发现缺陷和找到缺陷产生的原因,从而从各方面采取措施防止缺陷的产生。各国对船舶的质量检验都是极为重视的,也是极为严格的,设有专门机构(如船级社、海事协会等)从事这方面的工作。我国船级社负责船舶从设计、施工到交船验收各个环节的质量监督工作,这就保证了船舶质量不断提高。因此,在船舶建造过程中每一个步骤都必须严格控制焊接质量,而船体的焊接质量一方面与操作人员的操作工艺水平、技术水平有关,另一方面与材料、设备、焊接的方法等密切相关。焊接质量与装配质量也有很大关系。因此在焊接过程中就必须严格控制各种因素。焊接质量检验能确保产品质量,保证结构安全使用。焊接质量的检验方法有三种:焊工的自检、工序间互检、专职人员的检验。

(1)表面质量检验

①检验前的准备工作。

检验员检验前应熟悉所验部分结构图与焊接工艺文件,了解各种焊缝所在钢材的牌号、应选用的焊条牌号及焊接规格;还应了解各种焊缝的形式、标注方法及中国船级社《钢质海船入级规范》的规定。

对船体中一些重要部位,根据规范要求,对以下构件施焊时采用低氢焊条:ⓐ船体分段的环形对接缝;ⓑ船体大接缝处的纵桁材对接缝;ⓒ具有较大刚度的构件,如艏框架、艉框架、艉轴架等,以及与外板和船体骨架的接缝;ⓓ桅杆、吊货杆、吊艇架、系缆桩、拖钩架等与其相连接的构件的焊缝;ⓔ主机基座及其相连接的构件。

②焊缝外形检验。

外观质量检验应在把焊缝表面及两侧附近的焊渣、飞溅物及污物清除干净的前提下进行。焊缝在外观检验合格之前不得涂漆。同时:ⓐ焊缝外形应均匀,焊道与焊道、焊道与基体金属之间应平缓地过渡,不得有截面的突然变化;ⓑ焊缝的侧面角口必须小于 90°;ⓒ焊道表面凹凸,在焊道长度 25 mm 范围内,高低差不得大于 2 mm;ⓓ多道多层焊表面重叠焊缝相交处下凹深度不得大于 1.5mm;ⓔ对接焊缝焊道宽度差,在 100 mm 范围内不得大于 5 mm。

③焊缝表面质量检验。

ⓐ焊缝不得存在表面裂纹、烧穿、未熔合、夹渣和未填满的弧坑等。ⓑ焊缝表面不允许

有高于 20 mm 的淌挂的焊瘤。ⓒ焊缝表面不允许存在熔化金属淌到焊缝以外未熔化的基体金属上的满溢。ⓓ船体外板、强力甲板和舱口围板等重要部位以及要求水密的焊缝不允许有表面气孔。ⓔ其他部位的焊缝,1 000 mm 长范围内允许存在 2 只气孔,气孔的最大允许直径:当构件的板厚 $t \leqslant 10$ mm 时,为 1 mm;当构件的板厚 $t > 100$ mm 时,为 1.5 mm。ⓕ在船体的外板、强力甲板正面、上层建筑外板、甲板室外围壁等暴露的焊缝及周围区域,飞溅颗粒应全部清除干净。ⓖ其他内部焊缝在 100 mm 长度两侧,飞溅应不多于 5 个,飞溅颗粒直径不得大于 1.5 mm。

④检验方法和精度标准。

进行表面质量检验时,应先将焊缝表面的熔渣、两侧的飞溅和其他污物清除,然后用目视和焊缝量具检测,必要时借助放大镜。不同类型焊缝检验精度标准如表 5.8 所示。

⑤焊缝表面缺陷及其修正。

焊缝表面缺陷及其修正可参见表 5.9。注意所有完工的焊缝表面,若存在缺陷时,应在焊缝内部质量检验和密性试验之前修补完毕;焊缝修正后必须进行再次检验,再次检验仍需符合对应标准要求。

(2)焊缝内部质量检验

焊缝内部质量检验在焊缝焊接尺寸与表面质量发现缺陷修补完成,并复检合格后进行。焊缝的内部质量检验可采用射线、超声波或其他适当的方法(如对焊缝表面或接近表面的内部缺陷,可采用渗透探伤或磁粉探伤的方法)进行无损检测。

射线照相探伤旨在发现物体内部缺陷,消除隐患,保证产品质量。它是通过射线的衰减、电离、荧光、照相等主要特点来实现观察照相底片上所呈现的缺陷影像来判断焊缝内部缺陷的性质、位置及大小,再根据有关评定标准判定焊缝质量的等级。焊缝射线探伤直观,底片便于保存备查,是焊缝检查的主要方法,主要用于外板对接焊缝及纵向构件的对接焊缝,但射线探伤成本高、效率低。

超声波探伤是利用探头在焊缝两侧向焊缝发出超声波光速,当遇到缺陷时,会产生反射,再根据发射波形来判别缺陷的性质、位置及大小,按照有关标准评定焊缝的质量等级。超声波探伤对裂纹、未焊透等缺陷敏感,主要用于角焊缝。但超声波探伤效率高、成本低,可以对船体板的对接焊缝进行百分之百的检验。

船厂中通常是将射线照相与超声探伤配合使用,当焊缝用超声探伤发现有质量缺陷疑点的部位时,先进行射线照相,再确定缺陷的性质。这样既可提高检验效率,保证检验准确度,又能降低成本。从事无损检验的人员应持有船级社认可的“无损检测人员资格证书”才可从事与证书种类和等级一致的无损检测工作。

表 5.8　不同焊缝类型焊缝精度标准表

焊缝类型	项目图示	举例项目说明	范围	允许极限	说明	备注
对接焊缝		母材厚度小于 10 mm 增高量 h	$h = 0.2C$	$0 < h \leqslant 6$ mm	在任意 250 mm 焊缝长度上，增高量的差应不大于 20 mm	对接焊缝余高下限不得低于钢板表面，上限不得超过焊缝宽度的 0.2 倍，且不超过 60 mm。咬边值不超过 0.50 mm
		焊缝宽度 C	焊缝在焊道每边覆盖的宽度为 2 ~ 40 mm	在任意 100 mm 焊缝长度上，宽度的差应不超过 50 mm	应尽量避免窄而高的焊缝	
		焊缝侧面角 θ	$\theta < 90°$		$\theta \geqslant 90°$时必须修正	
角焊缝		焊脚高度 K 焊喉厚度 h 增强焊厚度 E	$0.9K_0 < K \leqslant K_0 + 2$ $h_0 \geqslant 0.9h_0$ $(h_0 \geqslant 0.63K_0)$ $E \leqslant 2$ mm	$K \geqslant 0.9K_0$ $h_0 = 0.9h_0$ $(h_0 = 0.63K_0)$	1. $K \leqslant 0.9K_0$ 时，必须修正； 2. $0.9K_0 < K$ 或 $0.9h_0 > h$ 的所有焊缝的长度总和不超过焊缝全长的 10%，且每段连续长度不超过 3 000 mm； 3. $K > K_0 + 2$，可不修正，但要加强管理； 4. 焊脚、焊喉尺寸不宜过大，尤其是薄板； 5. 增强焊厚度 E 不应大于 20 mm	K 为实际焊脚高度，$K \geqslant 0.9K_0$；K_0 为设计焊脚高度，h 为实际焊喉高度；h_0 为设计焊喉高度；$h_0 = 0.70K_0$；E 为增强焊厚度
		焊缝侧面角 θ	$\theta < 90°$		$\theta \geqslant 90°$时，必须修正	

表 5.8(续)

焊缝类型	项目图示	举例项目说明	范围	允许极限	说明	备注
断续焊缝		间断焊缝每段焊缝的有效长度 L	1. $L_0 < L < L_0 + 10$ 2. $e_0 - 5 < e < e_0 + 5$	1. $L_0 + 50 < L < L_0 + 100$ 2. $e_0 - 5 < e < e_0 + 10$	1. 当 $L > L_0 + 100$ 或 $e < e_0 - 10$ 时不必修正,但要加强管理; 2. 当 $L < L_0 - 5$ 或 $e > e_0 + 10$ 且各段总和超过该焊缝全长的 20% 时,应修正;不超过 20% 时,可不修正,但要加强管理	1. L、e 为间断焊实际的焊段长度及间距尺寸;L_0、e_0 为设计焊段长度及间距尺寸。 2. 断续焊缝的每段焊缝的有效长度不得小于图样规定的长度要求
包角焊焊缝		包角焊长度 l	1. 包角焊的长度符合设计要求或 $l \geqslant 750$ mm; 2. 焊脚高度应符合设计要求		1. 包角焊缝的双面连续角焊缝长度参见图纸要求,焊脚尺寸不得小于设计焊脚尺寸; 2. 双面间断焊或单面连续焊的立板端部应包角焊,包角焊各边的长度 $l \geqslant 750$ mm	1. 凡构件的角焊缝在遇到构件切口处及构件的末端,均应有良好的包角焊; 2. 包角焊缝不应有脱焊、未填满的弧坑等焊接缺陷

表 5.9　焊缝表面缺陷及修正

项目			项目图示	范围	允许极限	说明
严重咬边深度 d	母材厚度≤6 时			$d<0.3$ mm	$d<0.5$ mm 连续长度不大于 100 mm	1. 超允许极限应修正； 2. 咬边深度 d 在标准范围和允许极限之间，且各段总和不超过该焊缝全长的 25% 可不修正
	母材厚度 >6 时			$d<0.5$ mm	$d<0.8$ mm 连续长度不大于 100 mm	
裂纹				不允许存在		1. 碳弧气刨清除裂缝后补焊； 2. 同一位置焊补不超过 2 次
表面夹渣				不允许存在		碳弧气刨后补焊
表面气孔数 P	对接焊缝			$P=0$		超过允许极限应碳弧气刨后补焊
	角焊缝	水密部分				
		非水密部分		$P=1$ 个/0.5 m		气孔直径≤1.5 mm 深度≤1.0 mm
弧坑长度 l 及深度 S				$l\leq3$ mm $S\leq1$ mm	$l\leq5$ mm $S\leq2$ mm	超过允许极限应碳弧气刨后补焊

表 5.9（续）

项目		项目图示	范围	允许极限	说明
飞溅	船壳外表、上层建筑暴露处	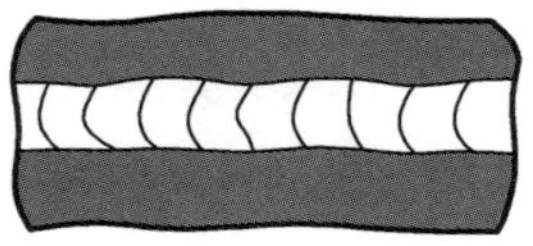	不允许有飞溅		飞溅物应全部清除
	其他部位		在 100 mm 长度内每侧不得多于 5 个		超过允许极限应修正磨平
焊瘤数 Q	船体焊缝	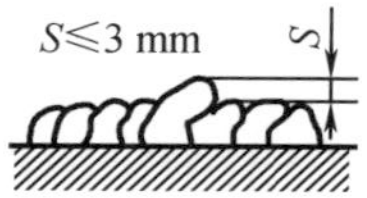 $S \leqslant 3$ mm　S	$Q=0$		超过允许极限应修正磨平
	其他焊缝		$Q=1$ 个/0.5 m		
多层焊焊波间沟深 S		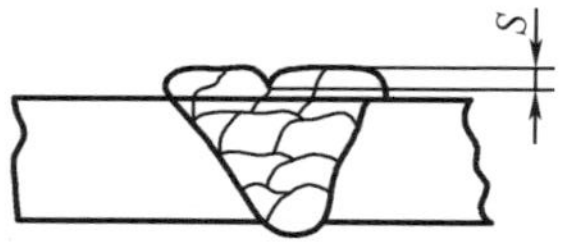 S	$S \leqslant 1.5$ mm		超过允许极限要修正

5. 密性试验

在船体建造完毕或船体某一区域内的装配、焊接及火工矫正等工作全部结束后，即可进行相应船体部位的密性试验。密性试验的目的是检查外板、舱壁等的焊缝有无渗漏现象，以保证船舶的航行安全；通过密性试验，还可分析焊接缺陷产生的原因，为某些工序提供改进意见。中国船级社的《钢质海船入级规范》规定船体密性试验采用冲水、水压、充气或其他等效的方法。中国船检局的《内河钢船建造规范》规定船体密性试验采用灌水、冲水、淋水、涂煤油、充气或相应等效的方法。检验员根据技术部门提交验船师认可的《船体密性试验图》进行试验。表 5.10 介绍了几种常用的方法。

表 5.10　常见密性试验

名称	定义	特点
水压试验	水压试验是各国船级社认可的密性试验方法之一，即逐舱灌水并在舱外观察焊缝处有无渗漏现象	水压试验完毕排水后，在骨架之间留有不易排净的积水会增加焊缝的锈蚀，因此其一般用于新型船舶需要做强度试验的舱室，此时密性试验和强度试验共同完成，一举两得。水压试验作为单纯的密性试验，船厂应用较少
冲水试验	冲水试验是各国船级社认可的密性试验方法之一，即在板缝一侧冲水，在另一侧观察焊缝处有无渗漏现象	冲水试验主要用于水密门和窗、舱盖、舷侧板、甲板、轴隧、舱壁、甲板室顶的露天部分和外围壁等水密构件的密性试验。由于冲水使大量自来水流失，造成船舶及船台上环境恶劣，不利于文明生产，近年来为冲气、油雾试验所代替
气压试验	气压试验是各国船级社认可的密性试验方法之一，即密封试验舱并充以一定压力的压缩空气（通过压力调节器或减压阀充入），在焊缝另一侧涂以起泡剂（肥皂液），观察有无渗漏起泡现象	与采用水压试验相比，气压试验可以大大简化密性试验过程，降低成本，节省时间，效果可靠。但一定要在舱室完整的情况下进行，试验前要对船体结构最弱部分的受力情况进行核算，并采取限压及安全装置，以避免试验压力过高而发生舱室破损事故；查漏时，需涂起泡剂（肥皂液），注意不能遗漏；当外界气温低于 0 ℃时，应将肥皂液加热后使用，或采用不冻溶液
煤油试验	煤油试验是各国船级社认可的密性试验方法，即先在焊缝的一侧涂上白粉，然后在另一侧涂上煤油，过一定时间后观察白粉上有无油渍	煤油试验，在试验前要做充分的准备工作，试验时间较长，试验后还得清除白粉，试验工作较为烦琐。大面积采用不经济，多用于中、小型船舶和焊缝的二次检验
冲气试验	冲气试验是在焊缝的一侧冲气，在另一侧涂上起泡剂（肥皂液），若发现起泡，即表明该处焊缝存在缺陷	只有短而直的焊缝方可用冲气试验代替冲水试验。实践证明，冲气试验检查焊缝缺陷的敏感性胜过煤油试验，特别是对检查水密舱壁纵骨穿过处的补板焊缝较为敏感，有其独到之处

表 5.10(续)

名称	定义	特点
油雾试验	油雾试验是用煤油和压缩空气通过喷雾装置产生具有一定压力的油雾,利用压力油雾的强渗透作用检查焊缝是否渗漏	试验时,将油雾喷射到被试验焊缝处,在焊缝反面检查是否有煤油渗出。该试验操作简便,试验效果比冲水试验和煤油试验好,可以像冲水试验那样应用于分段建造中的密性试验

将大部分在船台上或船坞内进行的难度较大的密性试验作业,移到分段装配阶段进行,可以大幅度地减少船台密性试验范围,对缩短船台周期极为有利;同时,由于密性试验在工作条件良好的内场或平台上进行,所以能提高密性试验的质量,减轻劳动强度;另外,在分段装配过程中已完成密性试验的地方即可进行舱室涂装,所以能使舱室的涂装质量得到提高,而且涂装工作的效率也得到提高。

6. 实训任务工作活页

前往“实训任务 5.2 工作活页”,开展实训并按活页要求完成记录。

实训任务 5.3 船舶总段装配工艺虚拟仿真实训

5.3.1 实训目标

(1)掌握船舶虚拟仿真建造“船舶总装”模块的操作方法。

(2)掌握船舶总段装配工艺基础知识。

5.3.2 实训内容

(1)掌握船舶总段装配工艺基础概念。

(2)通过船舶虚拟仿真建造“船舶总装”实训,熟悉分段总组中的施工工艺要点。

5.3.3 实训指导

1. 船舶总段装配工艺

总段是指主船体沿船长方向划分的其深度和宽度等于该处型深和型宽的环形立体段。目前,为扩大舾装作业面,实现壳舾涂一体化的区域建造,也常把两个或两个以上分段组合而成的大型立体分段称为总段。典型的总段有艏、艉总段,上层建筑总段等。通常,总段制造有以下两种方法:

(1)分段建造法

零、部件→分段→分段舾装 + 零、部件→总段→总段舾装。此方法是以底部分段为基础,在其上安装舱壁、舷侧和甲板等分段,并进行总段舾装,主要用于装配船中总段。

(2)整体(框架)建造法

零、部件→总段→总段舾装。此方法最常见的是以甲板胎架为基础,以甲板为基准面进行反造。先安装甲板、肋骨框架舱壁和纵向构件，再安装船体外板，最后进行总段舾装，主要用于装配艏、艉总段。

表 5.11 对船中总段装配焊接工艺过程进行了阐述和讨论。

表 5.11　船中总段装配焊接工艺过程

工序说明		操作示意图	操作要求
1	各个分段的装配焊接		
2	横舱壁分段的装配		1. 横舱壁的安装位置应与内底板下横骨架一致，错开位移不得超过舱壁板厚的一半； 2. 水平检验线必须在同一水平面内，中心线应与内底板中心线对齐； 3. 舱壁应保证与基线垂直，高度应符合图纸要求
3	舷部分段的装配		1. 舷部肋骨检验线应与底部肋骨检验线对齐； 2. 水平检验线应与舱壁水平检验线在同一水平面； 3. 肋骨检验线顶部半宽等于该号肋骨的船体半宽
4	甲板分段的装配		1. 甲板中心线应与内底中心线相吻合； 2. 甲板肋骨检验线应与舷部肋骨检验线对齐； 3. 甲板边高应与舷部所划甲板理论线吻合； 4. 应保证梁拱高度
5	总段接缝的焊接		1. 焊接舷侧板与舭板的对接缝； 2. 焊接横舱壁与内底板、舷侧板、甲板的角焊缝； 3. 焊接甲板与舷侧板的角焊缝； 4. 焊接内部结构的接缝
6	总段划线和结构性检验		划安装定位线、轮廓线；焊缝和结构性检验
7	总段舾装		安装总段内的舾装单元、各种舾装件及其附件
8	总段调运		

其中：

①底部分段的完工程度一般有两种情况：一种是底部在胎架上正造，不进行翻身封底焊及纵横骨架与内底板间的焊接便进行总段组装；另一种是底部分段制造竣工，经完工验收后再进行总段组装。前者虽然在分段制造时不必进行翻身和重新调整定位等作业，但由于总段翻身比底部分段困难得多，因此，总段组装结束后还需进行大量的仰焊作业，导致总段的焊按变形量增大，显然不及后者合理，故应采用后一种方法进行总段组装。

②保证总段装配质量的技术关键，在于各分段的准确定位。若将总段置于空间直角坐标系中，则各个分段的定位可在长、宽、高三个方向上选定其安装的对准面，加上前后和左右水平即可定出其正确位置。生产中是用肋骨检验线决定分段长度方向的相对位置；用中心线（或纵剖线）决定分段在宽度方向的相对位置；用水平检验线（某一水线）决定分段在高度方向上的相对位置和分段水平，从而将分段控制在正确的位置上。用于分段定位的测量工具很多，常用的有吊线锤、软管水准仪、水准尺、激光水准仪和激光经纬仪等。

③带有中间甲板的总段装焊工艺，一般有先装中间甲板分段或先装舷部分段两种。若采用前者，则需对甲板分段做临时支撑，这有利于舷部分段的定位，但对嵌进肋骨之间的甲板边板要加工成小块板件，在总段组装时散装，增加了总段内的零、部件装焊工作量（图 5.30）。若采用后者，则可将中间甲板的边缘部分装焊在舷侧分段上，这样既避免了吊装中间甲板分段时插入装配，又增加了舷部分段的吊运刚性（图 5.31）。

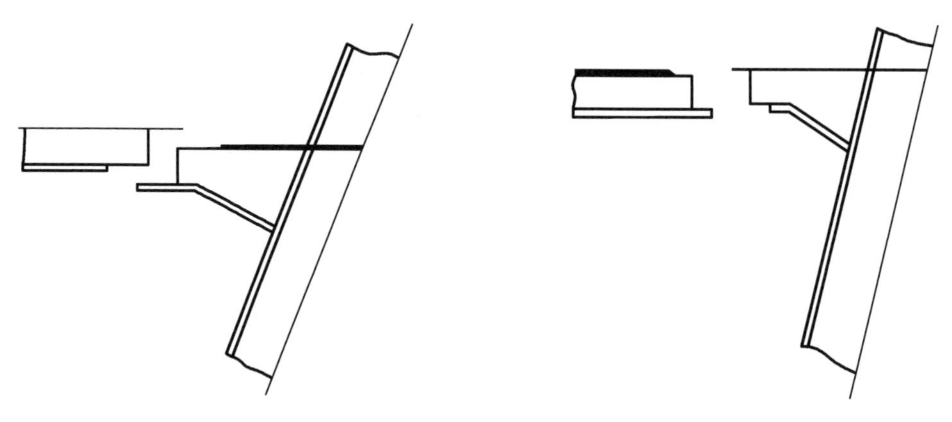

图 5.30　先装中间甲板分段　　　图 5.31　先装舷部分段

2. 船舶总装虚拟仿真实训

进入“船舶总装”模块，该模块主要是总组建造流程的虚拟仿真实训模块，本模块操作要点是：①基础操作，W、A、S、D 键控制视角前进后退，Q 键控制上升，E 键控制下降，按住鼠标右键后转动鼠标控制视角转动，左 Ctrl 键加速流程；②选择工艺顺序（吊环安装、分段吊坞墩、水平度检验、焊接前预备、焊接、火工矫正、尺寸测量、余量切割、舾装件防护、超声波检验、磁悬液检验、密性试验），如图 5.32 所示。

图 5.32　船舶总装虚拟仿真模块

3. 实训任务工作活页

前往“实训任务 5.3 工作活页”，开展实训并按活页要求完成记录。

项目六　船坞搭载

一、项目目标

1. 掌握船舶虚拟仿真建造“船坞搭载”模块的操作方法。
2. 熟悉船舶总装建造（船坞搭载）工艺。

二、项目任务

1. 掌握船舶虚拟仿真建造“船坞搭载”模块的操作方法。
2. 熟悉总段建造法、塔式建造法、岛式建造法和串联建造法工艺。

三、课时计划

序号	实训任务	课时计划		
		教学做	活页训练	合计
6.1	船坞搭载虚拟仿真实训	1	1	2
合计		1	1	2

实训任务6.1　船坞搭载虚拟仿真实训

6.1.1　实训目标

（1）掌握船舶虚拟仿真建造“船坞搭载”模块的操作方法。
（2）熟悉船舶总装建造（船坞搭载）工艺。

6.1.2　实训内容

（1）掌握船舶虚拟仿真建造“船坞搭载”模块的操作方法。
（2）熟悉总段建造法、塔式建造法、岛式建造法和串联建造法工艺。

6.1.3　实训指导

1. 船舶船台装配（船坞搭载）工艺概述

由于船舶类型和船厂生产条件各不相同，因此船舶总装建造（又称船舶总组或船坞搭载）方法多种多样。目前最常用的船舶总装建造法有总段建造法、塔式建造法、岛式建造法和串联建造法等。

(1)总段建造法

首先将船中部(或靠近船中)的总段(基准总段)吊到船台上定位固定,然后依次吊装前后的相邻总段,如图6.1所示。当两个总段的对接缝焊接结束后,即可进行该处的舾装工作。总段建造法具有船台装焊工作量少、减小船体焊接总变形、提高预舾装作业量、提前进行密性试验等优点。由于总段重量大,受船台起重能力的限制较大,过去通常适用于中小型船舶,但随着各大船厂的船坞龙门吊起重量突破1 000 t,大型、巨型船舶也可以采用该法建造。

(2)塔式建造法

建造时以中间偏后的底部分段为基准分段(对于中机型船,也可取机舱分段),先吊上船台定位固定,然后向艏艉和两舷,自下而上依次吊装各分段,如图6.2所示。由于建造过程中所形成的安装区域呈下大上小的宝塔状,故称为塔式建造法。其安装方法较简便,有利于扩大施工面和缩短船台周期。但焊接变形不易控制,完工后艏艉上翘较大。

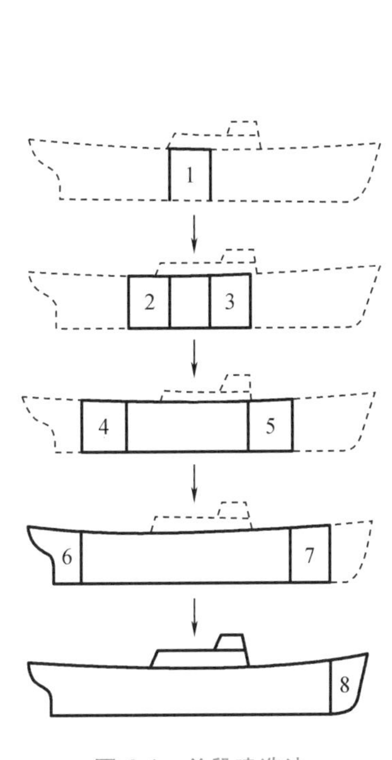

图6.1　总段建造法

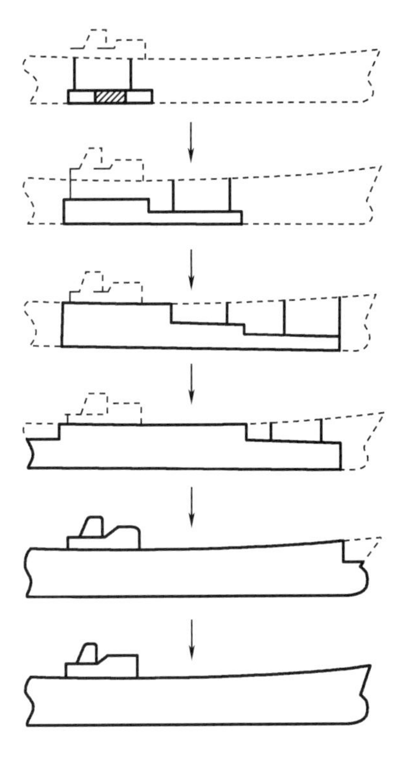

图6.2　塔式建造法

(3)岛式建造法

在建造大型船舶时,分段数量多,若仍用只有一个建造区的塔式建造法,则在装配初期船台面积不能被充分利用,船台周期也较长。岛式建造法就是将船体划分成多个建造区(简称"岛"),每个岛选择一个基准分段,按塔式建造法的施工方法同时进行建造,岛与岛之间用嵌补分段连接起来。划成两个建造区的称为两岛式建造法(图6.3),划成三个建造区的称为三岛式建造法。这种建造法能充分利用船台面积，扩大施工面，缩短船台周期，而且其建造区长度较塔式建造法短，船体刚性较大，所以它的焊接总变形比塔式法小，但是其嵌补分段的装配定位作业比较复杂。这种方法常用来建造船长超过 100 m 的大型船舶。

（4）串联建造法

采用船坞搭载且生产批量较大时，可用串联建造的形式组织生产。即在船台尾端建造第一艘船舶的同时，在船台首端建造第二艘船舶的尾部，待第一艘船下水后，将第二艘船的尾部移至船台尾端，继续吊装其他分段形成整艘船体，与此同时，在船台首端建造第三艘船的尾部，以此类推，如图 6.4 所示。

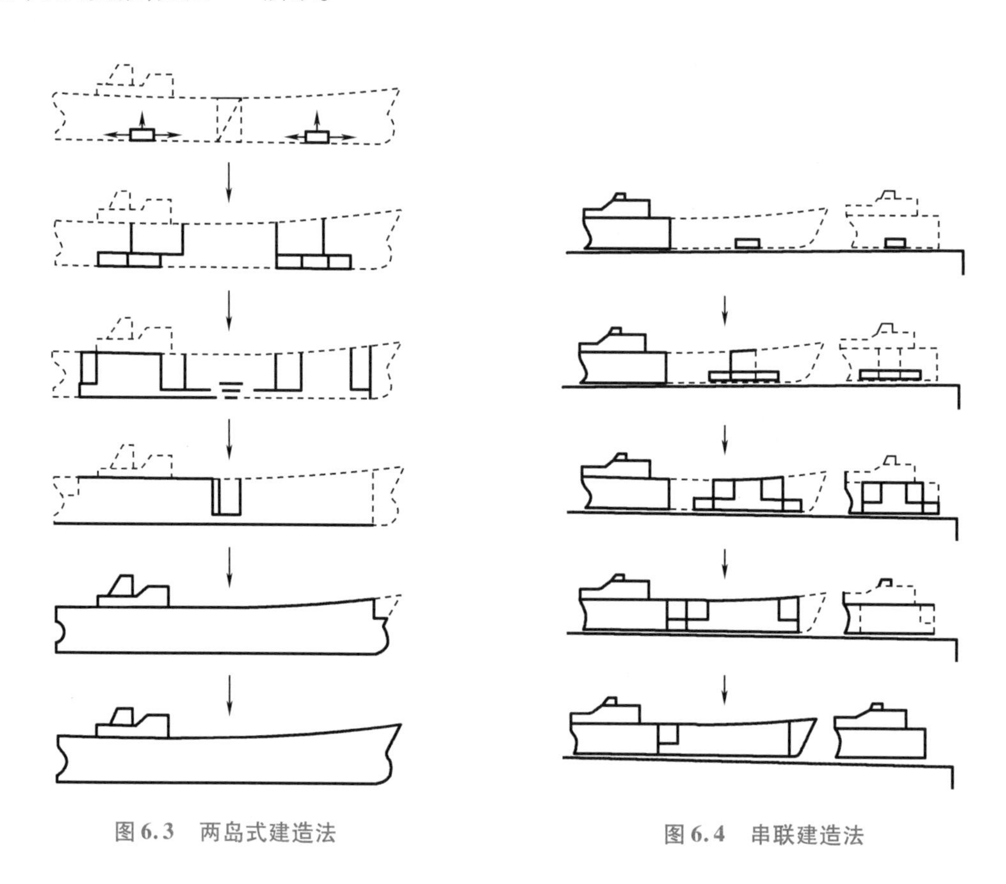

图 6.3　两岛式建造法

图 6.4　串联建造法

2. 船坞搭载虚拟仿真实训

船坞搭载虚拟仿真实训模块是对四种船舶船坞总装方式的学习（图 6.5），点击选择其中一种总装方式即可启动实训。

图 6.5　船坞搭载虚拟仿真界面

3. 实训任务工作活页

前往“实训任务 6.1 工作活页”，开展实训并按活页要求完成记录。

项目七　船 舶 下 水

一、项目目标

1. 掌握船舶虚拟仿真建造“船舶下水”模块的操作方法。
2. 熟悉四类船舶下水法。

二、项目任务

1. 掌握船舶虚拟仿真建造“船舶下水”模块的操作方法。
2. 掌握重力式、漂浮式、牵引式和衬垫式船舶下水工艺。

三、课时计划

序号	实训任务	课时计划		
		教学做	活页训练	合计
7.1	船舶下水虚拟仿真实训	1	1	2
合计		1	1	2

实训任务 7.1　船舶下水虚拟仿真实训

7.1.1　实训目标

(1)掌握船舶虚拟仿真建造“船舶下水”模块的操作方法。
(2)熟悉四类船舶下水法。

7.1.2　实训内容

(1)掌握船舶虚拟仿真建造“船舶下水”模块的操作方法。
(2)掌握重力式、漂浮式、牵引式和衬垫式船舶下水工艺。

7.1.3　实训指导

1. 船舶下水工艺概述

船舶下水是将船舶从建造区域移向水域的工艺过程，通常有重力式、漂浮式、牵引式和衬垫式等下水方式(表 7.1)。大型船舶由于结构复杂、建造难度高，且船舶尺度大、重量大，因此其建造基本上在干船坞中并采用漂浮式下水方式。

漂浮式下水是一种将水注入船舶建造场所，使船舶自然浮起的下水方式。造船坞是用来建造船舶和使船舶下水的水上建筑物，由坞底、坞墙和水泵站等组成。船舶下水时，首先将水注入坞室，船舶依靠水的浮力浮起，当坞内水面与坞外水位平齐时，即可打开坞门，将船舶拖曳出坞。其特点是操作简便、安全；下水重量可以控制，几乎不受限制。

表 7.1　船舶常见的下水方式

<table>
<tr><th>下水方式</th><th>船台类型</th><th>下水方向</th><th>下水设施</th></tr>
<tr><td rowspan="4">重力式</td><td rowspan="4">倾斜</td><td rowspan="2">纵向</td><td>涂油滑道</td></tr>
<tr><td>钢珠滑道</td></tr>
<tr><td rowspan="2">横向</td><td>涂油滑道</td></tr>
<tr><td>橡木垫块坠落</td></tr>
<tr><td rowspan="2">漂浮式</td><td rowspan="2">船坞</td><td>干坞</td><td rowspan="2">垂直漂浮</td></tr>
<tr><td>浮船坞</td></tr>
<tr><td rowspan="3">牵引式</td><td rowspan="3">水平</td><td>纵向</td><td>船排、斜船架</td></tr>
<tr><td>横向</td><td>高低轨、梳式滑道</td></tr>
<tr><td>垂向</td><td>升船机</td></tr>
<tr><td>衬垫式</td><td>气囊/气垫</td><td>纵向</td><td>浅坡</td></tr>
</table>

2. 船舶下水虚拟仿真实训

①在船舶虚拟建造界面选择“船舶下水”模块，共有四种下水模式可以选择。此处以选择船坞下水为例：点击下水方式按钮可以进入相匹配的下水方式界面，如图 7.1 所示。

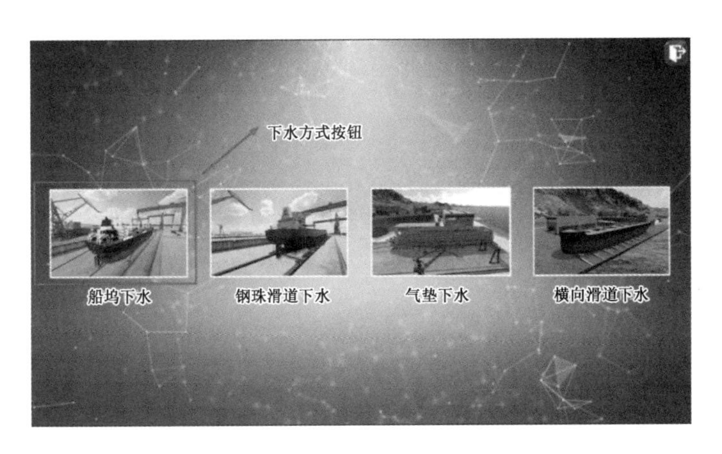

图 7.1　船舶下水虚拟仿真界面

②下水界面使用说明：点击步骤栏收缩按钮，可以打开或收缩步骤栏。点击步骤按钮，可以跳转到相应的步骤，如图 7.2 所示。

图 7.2　下水界面使用说明

3. 实训任务工作活页

前往“实训任务 7.1 工作活页”，开展实训并按活页要求完成记录。

实训任务工作活页

实训任务 1.1 工作活页

一、实训步骤与记录

1. 使用导览模式认识虚拟船厂(或观看动画 1.2～1.5),并写出至少 5 种在导览模式中介绍的船舶建造设备或场地名称。

序号	船舶建造设备或场地名称	
1		 动画 1.2　虚拟船厂导览模式厂区全览
2		
3		
4		
5		
6		
7		
8		

动画 1.3　虚拟船厂导览模式联合厂房

动画 1.4　虚拟船厂导览模式平面厂房

动画 1.5　虚拟船厂导览模式曲面厂房

动画 1.6　虚拟船厂导览模式船坞码头

2. 使用飞行模式(或观看动画 1.2),进一步熟悉虚拟船厂,并填写图 1.5 中空白处(共 8 个空)的船厂厂房(场地)名称。

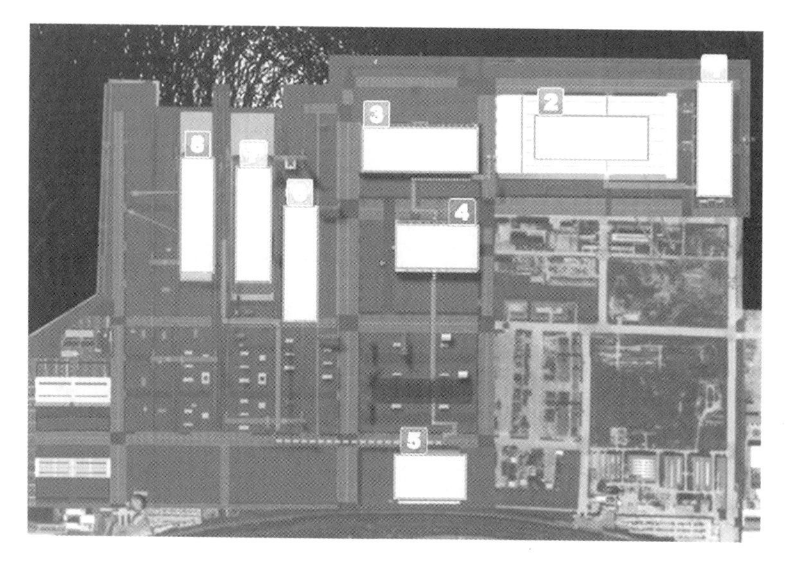

图 1.5　虚拟智慧船厂俯瞰图

3. 使用漫游模式,在虚拟船厂中参观联合厂房,并回答以下问题。

(1)图 1.6 所示,是联合厂房(或观看动画 1.3)中的什么加工设备?其作用是什么? 答:	 图 1.6　联合厂房加工设备 1

<table>
<tr><td>(2)图 1.7 所示是联合厂房(或观看动画 1.3)中的什么加工设备?其作用是什么?
答:</td><td>
图 1.7　联合厂房加工设备 2</td></tr>
<tr><td>(3)图 1.8 所示是平面厂房(或观看动画 1.4)中的什么加工设备?其作用是什么?
答:</td><td>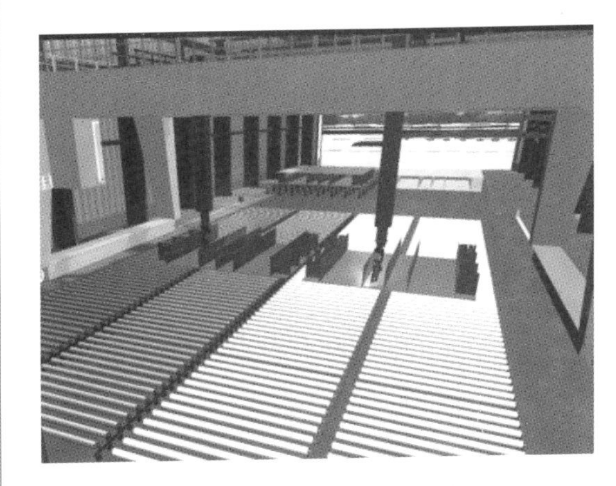
图 1.8　平面厂房加工设备</td></tr>
<tr><td>(4)图 1.9 所示是曲面厂房(或观看动画 1.5)中的什么加工设备?其作用是什么?
答:</td><td>
图 1.9　曲面厂房加工设备</td></tr>
</table>

二、思考题

通过互联网上的地图软件，查看我国一些著名船厂的地图，在下框中绘制该船厂的草图，并参照本节虚拟船厂的厂房（场地）标注办法，尝试标注出该船厂的厂房（场地）名称。

实训任务 1.2 工作活页

一、实训步骤与记录

1. 进一步认识虚拟船厂，按照造船工艺的先后顺序写出至少 5 种在导览模式中介绍的船舶建造工艺名称。

序号	船舶建造工艺名称
1	
2	
3	
4	
5	
6	
7	
8	

思政视频 1.2　大连中远海运川崎船舶工程有限公司介绍

2. 使用漫游模式（或观看动画 1.7、动画 1.8），进一步熟悉虚拟船厂，抵达不同的虚拟船厂厂房（场地），并填写下表。

图 1.12　平面厂房透视俯瞰图

动画 1.7　平面厂房内开展的建造工艺介绍

(1)请简单介绍虚拟船厂平面车间中开展的一种船舶建造工艺及其过程。

答：

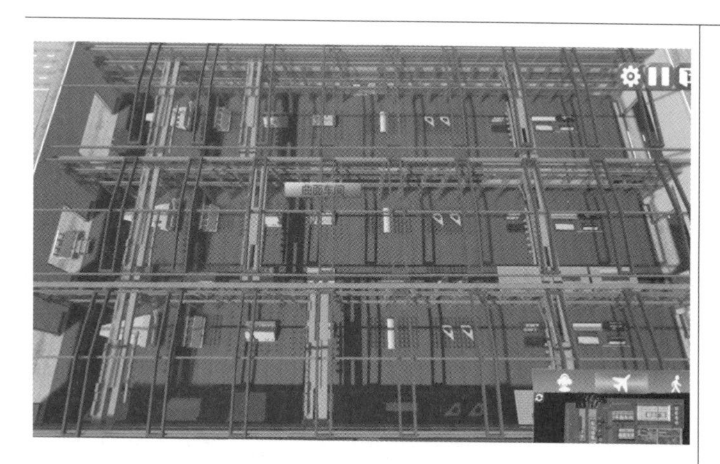

图 1.13　曲面厂房透视俯瞰图

动画 1.8　曲面厂房内开展的建造工艺介绍

(2)请简单介绍虚拟船厂曲面车间中开展的一种船舶建造工艺及其过程。

答：

二、思考题

在该虚拟船厂中，部分船舶建造工艺已采用了智能制造技术，请结合虚拟船厂，并在网络中收集资料，了解当前国内船厂中采用了智能制造技术的造船工艺环节，归纳总结至少一项智能造船作业的优势，并将其简介填在下框中。

实训任务2.1工作活页

一、实训步骤与记录

进入船舶虚拟建造软件的“船体结构”模块(或观看动画2.2、图2.3~图2.15),查看“阳光万里号”散货船的各个分段,并根据所学的船舶知识,描述各个分段编码对应的分段名称。

序号	分段编码	对应图示	分段名称
例1	101	图2.3	机舱底部分段
例2	203	图2.4	双层底分段
例3	524_P	图2.5	顶部(甲板)三角舱分段
1	209	图2.6	
2	321_S	图2.7	
3	423	图2.8	
4	513	图2.9	
5	523_P	图2.10	
6	565_P	图2.11	
7	602	图2.12	
8	706	图2.13	
9	805	图2.14	
10	904	图2.15	

动画2.2 船体结构分段整体介绍

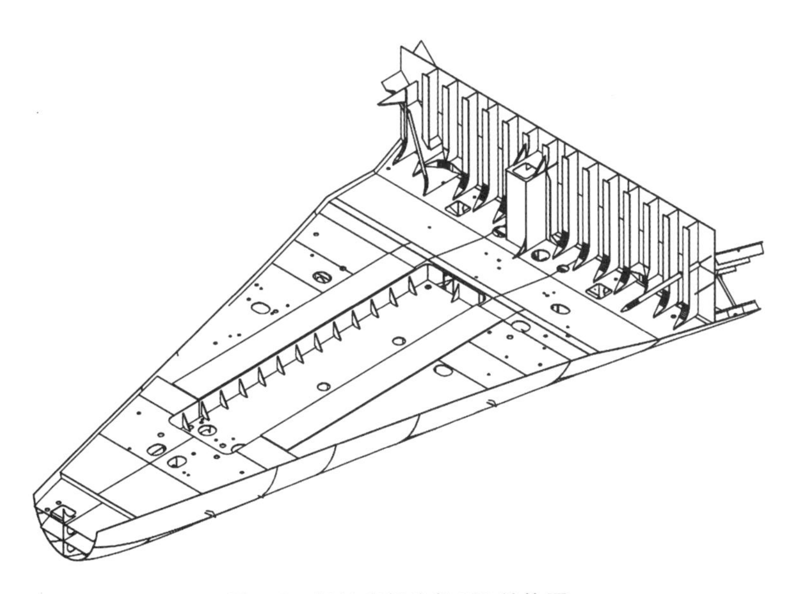

图2.3 机舱底部分段101结构图

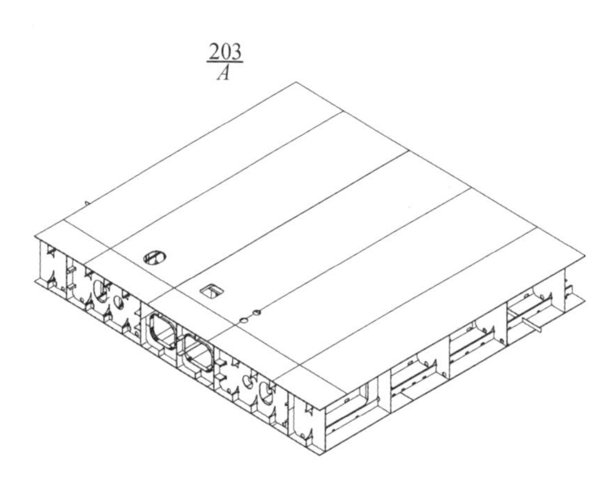

图 2.4　货舱双层底分段 203 结构图

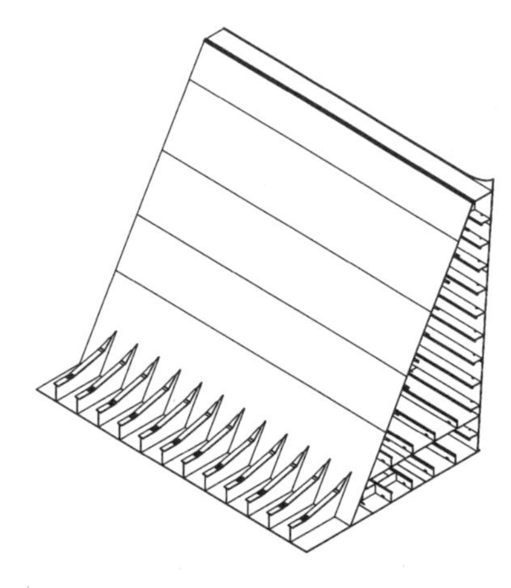

图 2.5　货舱顶部(甲板)三角舱分段 524_P 结构图

图 2.6　209 分段

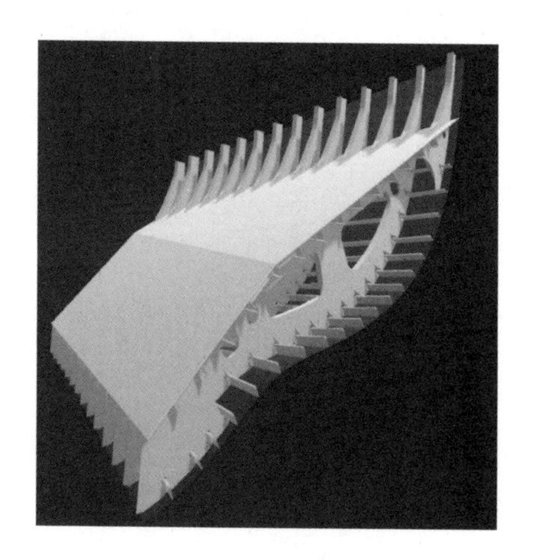

图 2.7　321_S 分段

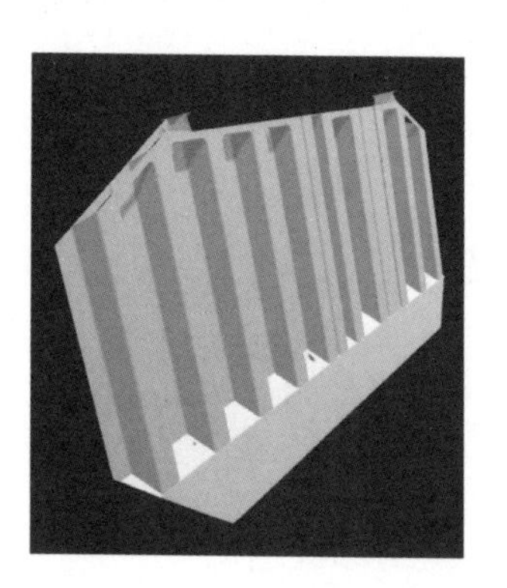

图 2.8　423 分段

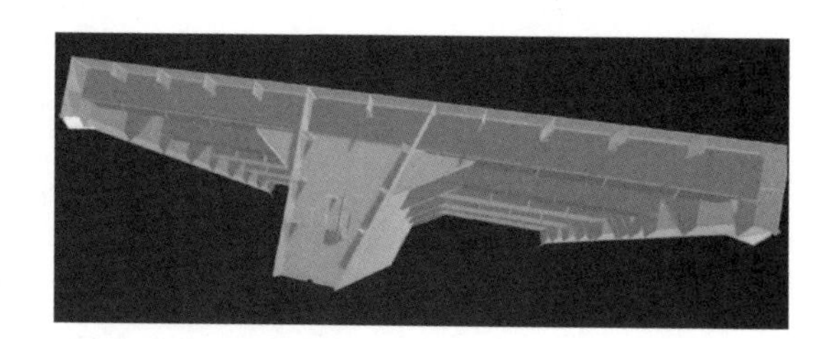

图 2.9　513 分段

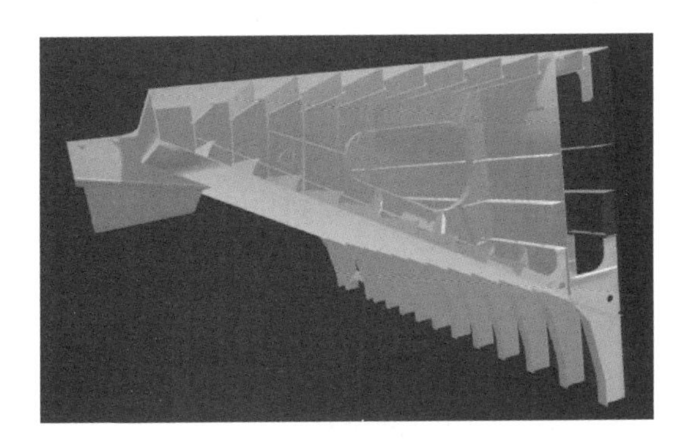

图 2.10　523_P 分段

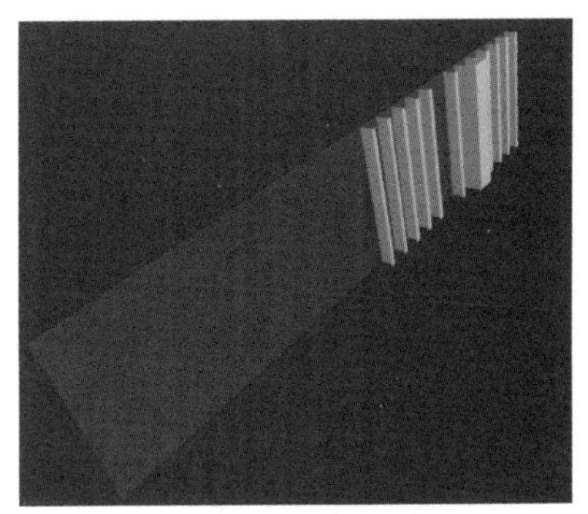

图 2.11　565_P 分段

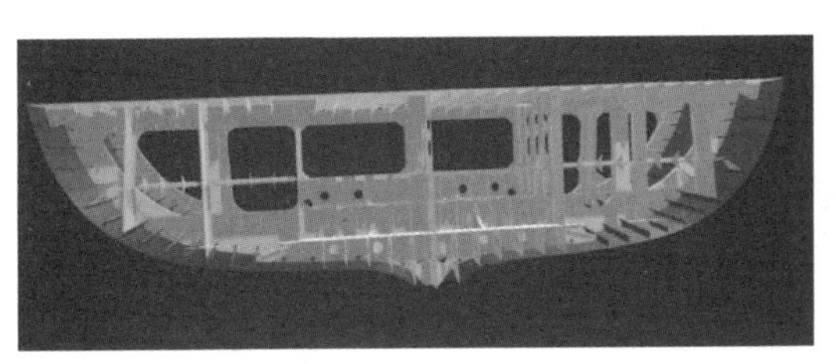

图 2.12　602 分段

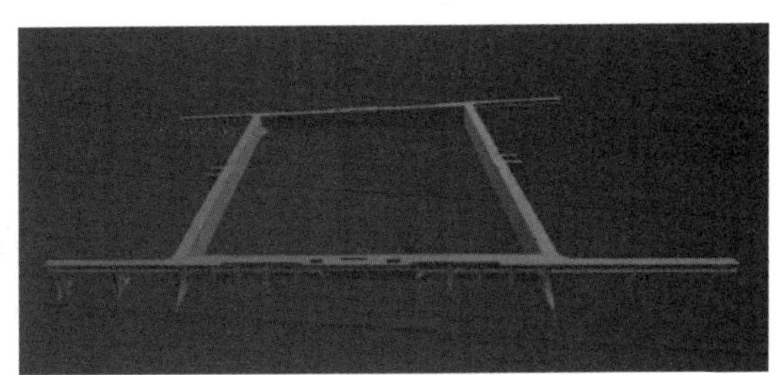

图 2.13　706 分段

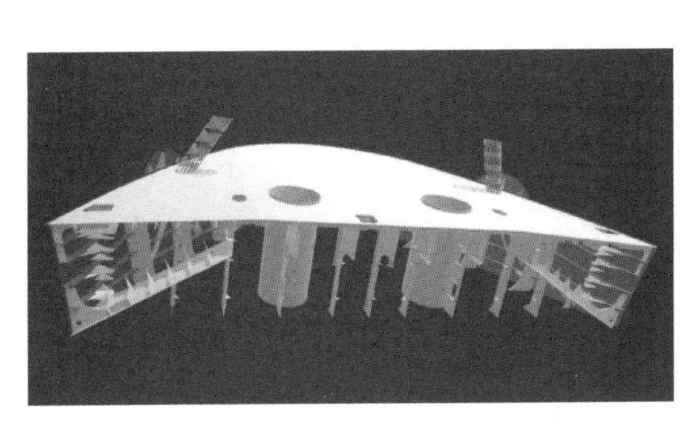

图 2.14　805 分段

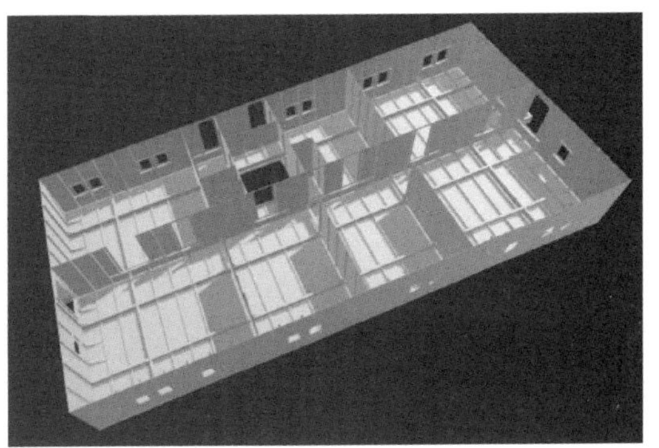

图 2.15　904 分段

二、思考题

当前国内各大船厂逐渐向船舶智能制造转型发展，越来越多的船厂开始丢掉纸质图纸、减少开会布置工作，用电子图纸和信息化系统指导现场施工。观看下面视频，谈一谈你对制造企业信息化、智能化的理解和期待。

思政视频 2.1　上海外高桥造船有限公司信息化造船

实训任务 2.2 工作活页

一、实训步骤与记录

1. 进入船舶虚拟建造软件的“船体结构”模块，查看“阳光万里号”的 203 分段，如图 2.22 所示，描述出所标注船体结构的名称。

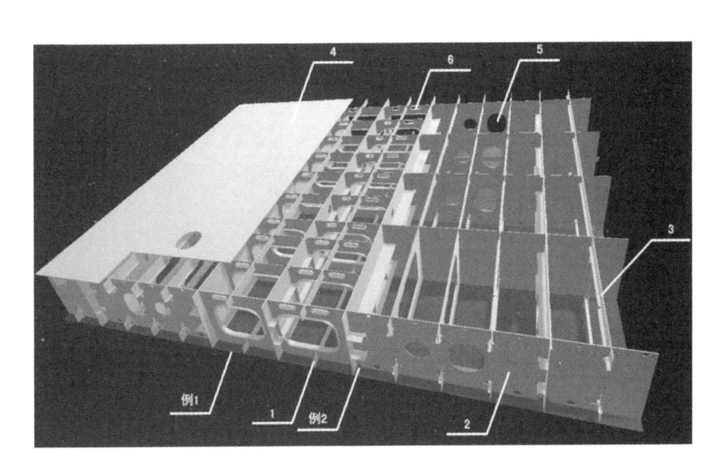

图 2.22 “阳光万里号”203 分段结构示意图

标注	结构名称	标注	结构名称
例 1	外底板	3	
例 2	流水孔	4	
1		5	
2		6	

2. 进入船舶虚拟建造软件的“船体结构”模块，查看“阳光万里号”的 347 分段(图 2.23)，如图 2.24 所示，描述出所标注船体结构的名称。

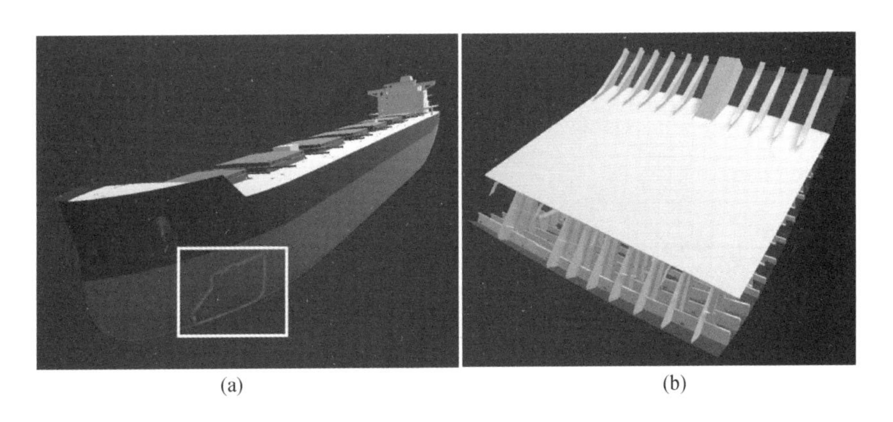

图 2.23 “阳光万里号”347 分段结构位置示意图

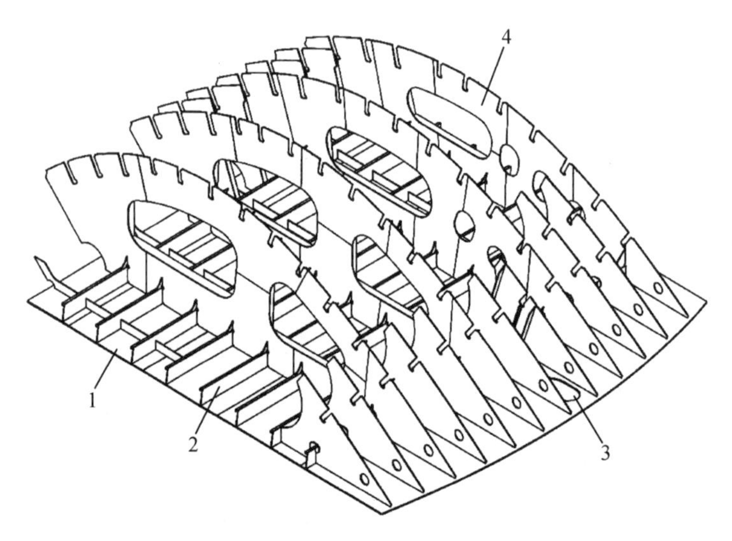

图 2.24 “阳光万里号”347 分段结构示意图

标注	结构名称	标注	结构名称
1		3	
2		4	

二、思考题

请根据下面给出的船体结构名称，在“阳光万里号”的分段中找到相应结构，并将对应的分段编码填入表格中。

结构名称	出现该结构的分段编码(至少 2 个)
横梁	
强横梁	
横舱壁	
纵桁	
纵骨	
甲板板	
舷侧外板	
横框架	

实训任务 3.1 工作活页

一、实训步骤与记录

例题 进入船舶虚拟建造软件的“钢料加工”模块，操作并查看软件给出的“阳光万里号”散货船的典型零件（或观看动画 3.2），并根据所学的船舶知识，准确填出软件中展示的 101 分段的船舶分段、组立与零件的关系表。

<table>
<tr><th>分段编码</th><th colspan="2">（大、中、小）组立编码</th><th>零件编码</th></tr>
<tr><td rowspan="5">101</td><td colspan="2" rowspan="4">101_FDWBSZ</td><td>_A1014</td></tr>
<tr><td>_A1114</td></tr>
<tr><td>_S1003_L</td></tr>
<tr><td>_S1009_L</td></tr>
<tr><td>101_TT1B_HH</td><td>101_GROE</td><td>_K326</td></tr>
</table>

1. 如上例题，进入船舶虚拟建造软件的“钢料加工”模块（或观看动画 3.3），填写软件中展示的 203 分段的船舶分段、组立与零件的关系表（组立编码表内自行划分隔线）。

<table>
<tr><th>分段编码</th><th>（大、中、小）组立编码</th><th>零件编码</th></tr>
<tr><td rowspan="7">203</td><td rowspan="7"></td><td></td></tr>
<tr><td></td></tr>
<tr><td></td></tr>
<tr><td></td></tr>
<tr><td></td></tr>
<tr><td></td></tr>
<tr><td></td></tr>
</table>

2. 如上例题，进入船舶虚拟建造软件的“钢料加工”模块（或观看动画 3.4），填写软件中展示的 325 分段的船舶分段、组立与零件的关系表（组立编码表内自行划分隔线）。

分段编码	(大、中、小)组立编码	零件编码
325		

3. 如上例题,进入船舶虚拟建造软件的“钢料加工”模块(或观看动画3.5),填写软件中展示的427分段的船舶分段、组立与零件的关系表(组立编码表内自行划分隔线)。

分段编码	(大、中、小)组立编码	零件编码
427		

4. 如上例题,进入船舶虚拟建造软件的“钢料加工”模块(或观看动画3.6),填写软件中展示的601分段的船舶分段、组立与零件的关系表(组立编码表内自行划分隔线)。

分段编码	(大、中、小)组立编码	零件编码
601		

动画 3.2　分段 101 典型零件关系

动画 3.3　分段 203 典型零件关系

动画 3.4　分段 325 典型零件关系

动画 3.5　分段 427 典型零件关系

动画 3.6　分段 601 典型零件关系

二、思考题

零件是船舶建造过程中最小的基础单位,如豪华邮轮等复杂船舶的零件数量可以超过 1 000 万个,船舶建造过程和复杂程度必须精细到每一个零件的生产、加工、安装与检验,任何一个零件不合格都有可能引起产品的质量问题。试述你曾经用到过的或者看到过的不合格产品,并分析该产品不合格的原因,写在下框中。

思政视频 3.1　一个零件导致的重大事故

实训任务 3.2 工作活页

一、实训步骤与记录

例题 进入船舶虚拟建造软件的“钢料加工”模块,查看软件给出的“阳光万里号”散货船的典型零件(或观看动画 3.9),填写 101_FDWBSZ_S1009_L 零件加工工艺流程表(图 3.26)。

零件编码	101_FDWBSZ_S1009_L	
工艺流程	加工工艺名称	加工工艺设备
第 1 步	钢材预处理工艺	多辊校平机、加热炉、抛丸机、喷涂室、烘干室
第 2 步	切割加工工艺	等离子切割机
第 3 步	折边加工工艺	油压机
第 4 步	冷弯加工工艺	肋骨冷弯机

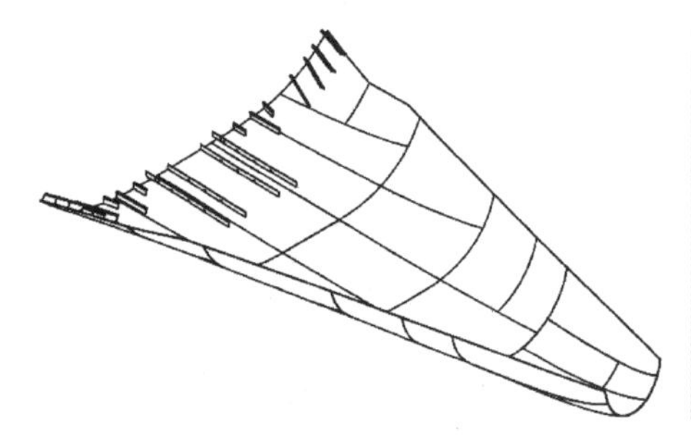

图 3.26 101_FDWBSZ 组立和 101_FDWBSZ_S1009_L 零件

动画 3.9 101_FDWBSZ_S1009_L 零件加工

1. 如上例题,进入船舶虚拟建造软件的“钢料加工”模块(或观看动画 3.10),填写“阳光万里号”散货船的 325_35_FR100C_S171 零件加工工艺流程表。

零件编码	325_35_FR100C_S171	
工艺流程	加工工艺名称	加工工艺设备
第 1 步		
第 2 步		
第 3 步		

2. 如上例题,进入船舶虚拟建造软件的“钢料加工”模块(或观看动画 3.11),填写“阳光万里号”散货船的 427 – LB2A – K171 零件加工工艺流程表。

零件编码	427 - LB2A - K171	
工艺流程	加工工艺名称	加工工艺设备
第 1 步		
第 2 步		
第 3 步		
第 4 步		

3. 如上例题，进入船舶虚拟建造软件的"钢料加工"模块(或观看动画 3.12)，填写"阳光万里号"散货船的 347_000_A1005 零件加工工艺流程表。

零件编码	347_000_A1005	
工艺流程	加工工艺名称	加工工艺设备
第 1 步		
第 2 步		
第 3 步		

4. 如上例题，进入船舶虚拟建造软件的"钢料加工"模块(或观看动画 3.13)，填写"阳光万里号"散货船的 603_S1101 零件加工工艺流程表。

零件编码	603_S1101	
工艺流程	加工工艺名称	加工工艺设备
第 1 步		
第 2 步		
第 3 步		

动画 3.10　325_35_FR100C_S171 零件加工

动画 3.11　427 - LB2A - K171 零件加工

动画 3.12　347_000_A1005 零件加工

动画 3.13　603_S1101 零件加工

二、思考题

船舶的建造离不开钢料，钢料的质量甚至能直接决定船舶与海洋工程建筑物的质量，而很多特种钢的生产和加工技术并没有掌握在我国的企业手中。试述该如何突破技术封锁，实现造船等工业材料的突破，写在下框中。

思政视频 3.2 “蓝鲸号”——国产钢材

实训任务4.1 工作活页

一、实训步骤与记录

1. 连线题　进入船舶虚拟建造软件的“组立装配”模块（或如图4.4～图4.9所示），查看软件给出的“阳光万里号”散货船的典型组立，将左边组立编码代表组立和右边的组立类型结构名称用直线一一对应、正确连接。

101_BV5A_R	弯曲T型组立
203_BS1A_HA	直T型组立
427_LB2A_R	肋板框架组立
325_35_FR92E	船底板组立
524_SS1A_L	强肋骨框架组立
603_FR3V_SR	舷侧外板组立

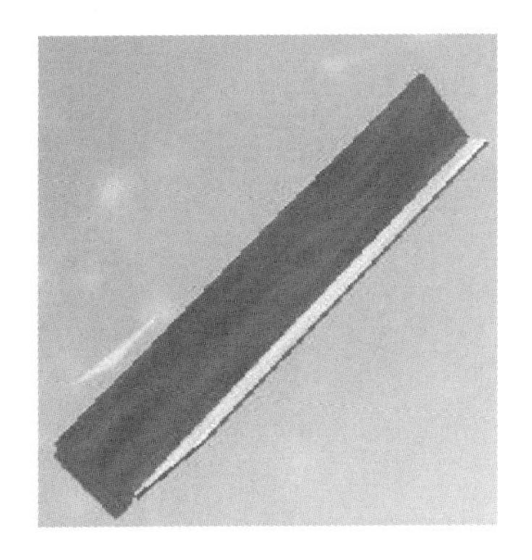

图4.4　101_BV5A_R

图4.5　203_BS1A_HA

图4.6　325_35_FR92E

图4.7　427_LB2A_R

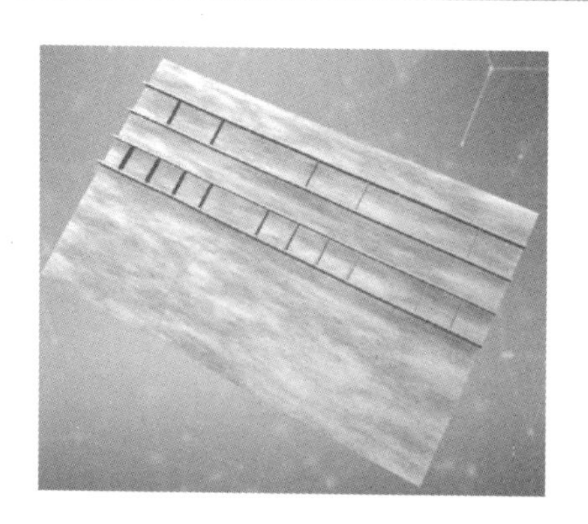

图 4.8　524_SS1A_L

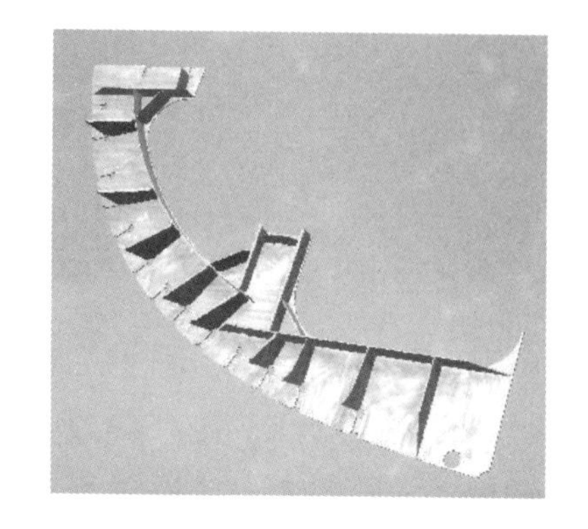

图 4.9　603_FR3V_SR

2. 问答题　进入船舶虚拟建造软件的"组立装配"模块，查看软件给出的"阳光万里号"散货船的 601 分段（或如图 4.10 ~ 图 4.13 所示），并简单描述 601_FR10A_MA、601_FR10A、601_FR9A_SM 和 601_FR8A_SM 四个组立之间的关系。

图 4.10　601_FR10A_MA

图 4.11　601_FR10A

图 4.12　601_FR9A_SM

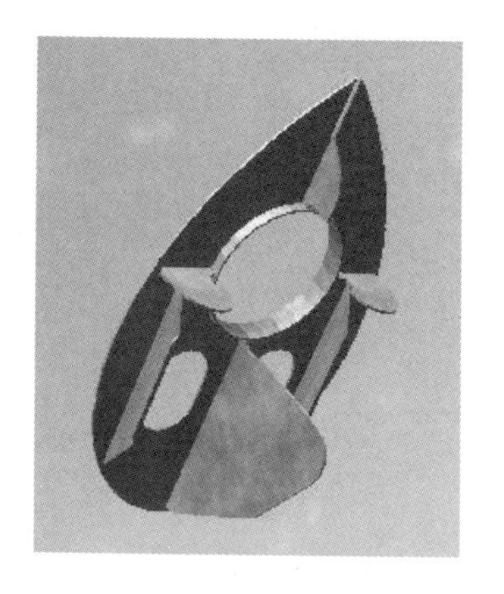

图 4.13　601_FR8A_SM

二、思考题

船舶的类型、大小和建造船厂不同，其具体建造工艺流程各不相同。试述你所知道的某船舶建造工艺流程，写在下框中。

思政视频 4.1　超级工程——全船建造工艺

实训任务4.2 工作活页

一、实训步骤与记录

例题 进入船舶虚拟建造软件的“组立装配”模块，选择“阳光万里号”散货船的101_GR0E组立进行训练，填写该组立的正确加工工艺顺序，并完成下表中的填空题。

组立名称	101_GR0E	 动画4.3 101_GR0E组立装配
该组立加工工艺顺序： (1)拼板排列；(2)固定钢板；(3)尺寸测量；(4)引熄弧板定位焊；(5)构架面焊接；(6)火工矫正；(7)碳刨清根；(8)非构架面焊接；(9)火工矫正；(10)焊缝检测；(11)装吊钩；(12)吊钩检测；(13)组立移位。		
(1)固定钢板工艺步骤，在排列板的时候，板与板之间的间距为__20__mm。 (2)引熄弧板定位焊工艺步骤，选择__100 * 100__规格的引熄弧板进行定位焊。 (3)非构架面焊接工艺步骤，选择__埋弧焊__进行焊接。		

1. 进入船舶虚拟建造软件的“组立装配”模块，选择“阳光万里号”散货船的203_BS1A_HA组立进行训练，填写该组立的正确加工工艺顺序，并完成下表中的填空题。

组立名称	203_BS1A_HA	 动画4.4 203_BS1A_HA组立装配
该组立加工工艺顺序：		
(1)引熄弧板定位焊工艺步骤，每次定位焊的焊缝长为________mm。 (2)引熄弧板定位焊工艺步骤，一般定位焊所规定的高度为________mm。 (3)固定型材和肋板工艺步骤，选择________焊固定型材和肋板。		

2. 进入船舶虚拟建造软件的“组立装配”模块，选择“阳光万里号”散货船的203_FR72A组立进行训练，填写该组立的正确加工工艺顺序，并完成下表中的填空题。

<table>
<tr><td>组立名称</td><td>203_FR72A</td><td rowspan="2">
动画 4.5　203_FR72A 组立装配</td></tr>
<tr><td colspan="2">该组立加工工艺顺序：</td></tr>
</table>

划理论线并安装工艺步骤，图 4.47 为该组立图纸，图 4.48 为组立安装现场的待安装零件的虚拟仿真划线，9 个待安装零件应该分别安装在（空栏中填①～⑨）：203_FR72A_B6_2 安装在________；203_FR72A_B6_3 安装在________；203_FR72A_S147_1 安装在________；203_FR72A_S147_2 安装在________；203_FR72A_S130_1 安装在________；203_FR72A_S130_2 安装在________；203_FR72A_S138_1 安装在________；203_FR72A_S138_2 安装在________；203_FR72A_B6_1 安装在________。

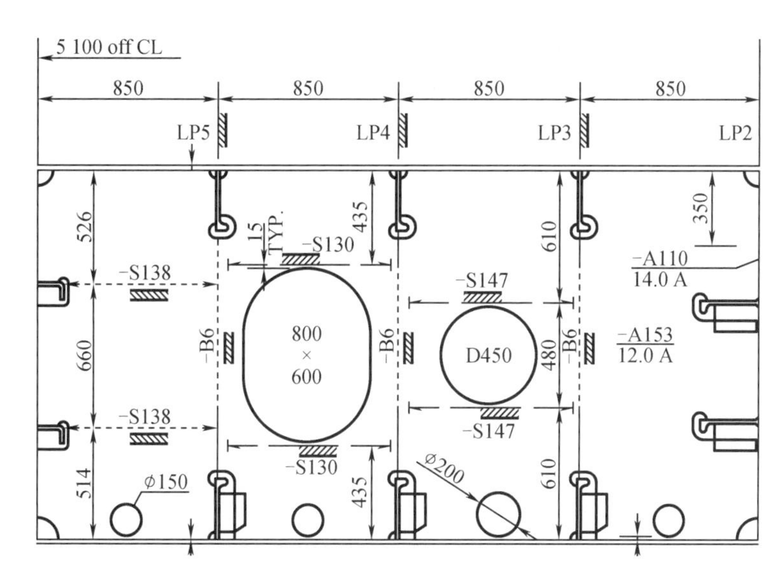

图 4.47　203_FR72A 组立图纸

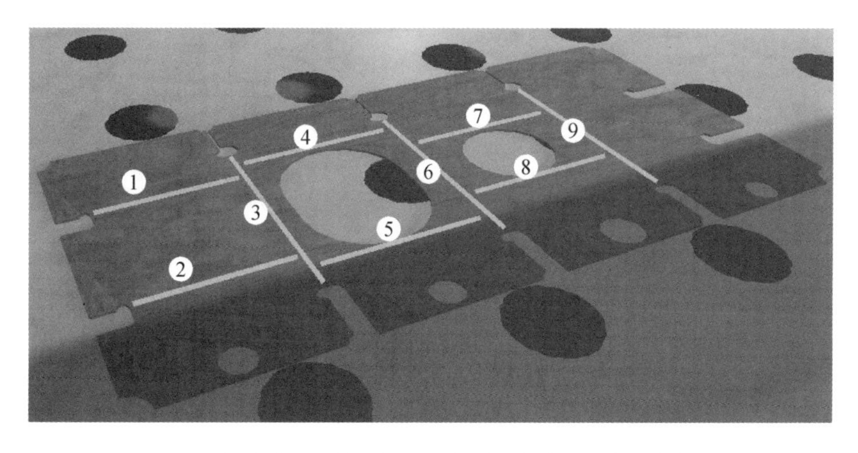

图 4.48　203_FR72A 组立待安装零件的虚拟仿真划线

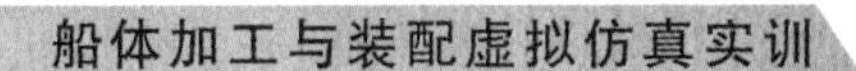

3. 进入船舶虚拟建造软件的“组立装配”模块，选择“阳光万里号”散货船的 427_SL1B 组立进行训练，填写该组立的正确加工工艺顺序，并完成下表中的填空题。

组立名称	427_SL1B	动画 4.6　427_SL1B 组立装配
该组立加工工艺顺序：		

(1) 拼板排列工艺步骤，图 4.49(见书后插页)为该组立图纸，图 4.50 为组立安装现场的待拼板零件的虚拟仿真排板位置，8 个待安装零件应该分别安装在(空栏中填②～⑧)：427_SL1B K149 安装在________；427_SL1B_K151 安装在________；427_SL1B _K189 安装在________；427_SL1B_K218 安装在__①__；427SL1B _K221 安装在________；427_SL1B_K148 安装在________；427_SL1B_K150 安装在________；427_SL1B_K190 安装在________。

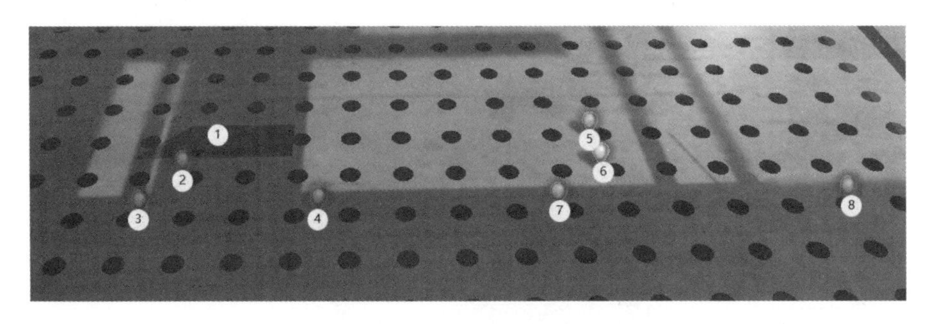

图 4.50　427_SL1B 组立排板位置定位图

(2) 装吊钩工艺步骤，该组立在完成制造后需要移动，此时需要安装________个吊钩，分别安装在图 4.51 中的________________________________位置(空栏中填写序号)。

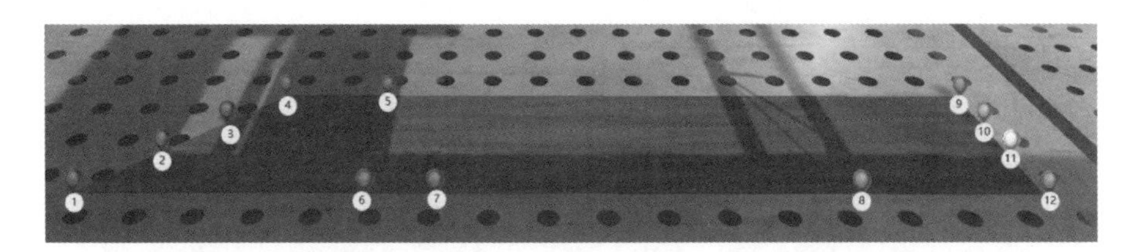

图 4.51　427_SL1B 组立装吊钩安装位置选择图

4. 进入船舶虚拟建造软件的“组立装配”模块，进一步完成对 347_FR236B 组立、601_FR9A_SM 组立、603_TB05A_MH 组立等组立装配工艺的学习。

动画 4.7　347_FR236B 组立装配

动画 4.8　601_FR9A_SM 组立装配

动画 4.9　603_TB05A_MH 组立装配

二、思考题

船舶与海洋工程装备上大小不一的零件和组立，在未来的使用过程中要接受大自然的严酷考验，任何一点质量问题都会给工程装备带来无法承受的灾难，要保障设备质量，工匠精神不可或缺。请在下框中简述一下你对工匠精神的了解。

思政视频 4.2　大国工匠——“蛟龙号”观察窗

实训任务5.1 工作活页

一、实训步骤与记录

例题 进入船舶虚拟建造软件的“分段建造”模块，查看软件给出的“阳光万里号”散货船的204分段装配流程图(图5.11(见书后插页))，填写该分段的制造顺序。

204分段制造顺序是：内底板大拼板铺板→划纵横构架线→安装纵骨及纵桁→焊接纵骨及纵桁→安装肋板→焊接肋板→安装外板纵骨→安装外板大拼板→安装吊环、加强→分段翻身焊接→划分段中心线、肋骨检验线→火工矫正→密性试验→完工测量→验收。

1. 进入船舶虚拟建造软件的“分段建造”模块，查看软件给出的“阳光万里号”散货船的101分段装配流程图(图5.12(见书后插页))，填写该分段的制造顺序。

101分段制造顺序是：____

____

____

2. 进入船舶虚拟建造软件的“分段建造”模块，查看软件给出的“阳光万里号”散货船的203分段装配流程图(图5.13(见书后插页))，填写该分段的制造顺序。

203分段制造顺序是：____

____

____

3. 进入船舶虚拟建造软件的“分段建造”模块，查看软件给出的“阳光万里号”散货船的347分段装配流程图(图5.14(见书后插页))，填写该分段的制造顺序。

347分段制造顺序是：____

____

____

4. 进入船舶虚拟建造软件的“分段建造”模块，查看软件给出的“阳光万里号”散货船的427分段装配流程图(图5.15(见书后插页))，填写该分段的制造顺序。

427分段制造顺序是：____

____

____

5. 进入船舶虚拟建造软件的“分段建造”模块，查看软件给出的“阳光万里号”散货船的524分段装配流程图(图5.16(见书后插页))，填写该分段的制造顺序。

524分段制造顺序是：____

____

____

____

____

6. 进入船舶虚拟建造软件的“分段建造”模块，查看软件给出的“阳光万里号”散货船的601 分段装配流程图(图 5.17(见书后插页))，填写该分段的制造顺序。

601 分段制造顺序是：____

____

____

____

____

二、思考题

根据你对现代船舶建造方法的理解，简述分段建造法的优势，写在下框中。

动画 5.1 “分段建造”模块操作方法

实训任务5.2 工作活页

一、实训步骤与记录

例题 进入船舶虚拟建造软件的“分段建造”模块，完成软件给出的“阳光万里号”散货船的204分段装配工艺训练，并回答下面的问题。

(1)通过软件的虚拟仿真建造实训(图5.27)，可知204分段的组立装配顺序是：204-TT1A-HH→204-LB0A-MH→204-FR65A-SH-L→204-FR65A-SH-R→204-FR69A-SH-L→204-FR69A-SH-R→204-FR72A→204-FR72A-R→204-FR75A-L→204-FR75A-R→204-FR78A-L→204-FR78A-R→204-LB6A-MH-L→204-LB6A-MH-R→204-BS1A-HA→204-FDSZ。

(2)在制作胎架前，应该进行哪项必要的准备工作 (D)

A. 为场地浇水

B. 清除场地中的角钢

C. 对场地进行防漏水处理

D. 平整场地，清除角钢上的焊疤

1. 进入船舶虚拟建造软件的“分段建造”模块，完成软件给出的“阳光万里号”散货船的101分段装配工艺训练(或观看动画5.2)，并回答下面的问题。

动画5.2 101分段装配工艺

(1)最适合胎架划线的仪器是 ( )

A. 激光经纬仪

B. 水准仪

C. 卷尺

D. 激光测距仪

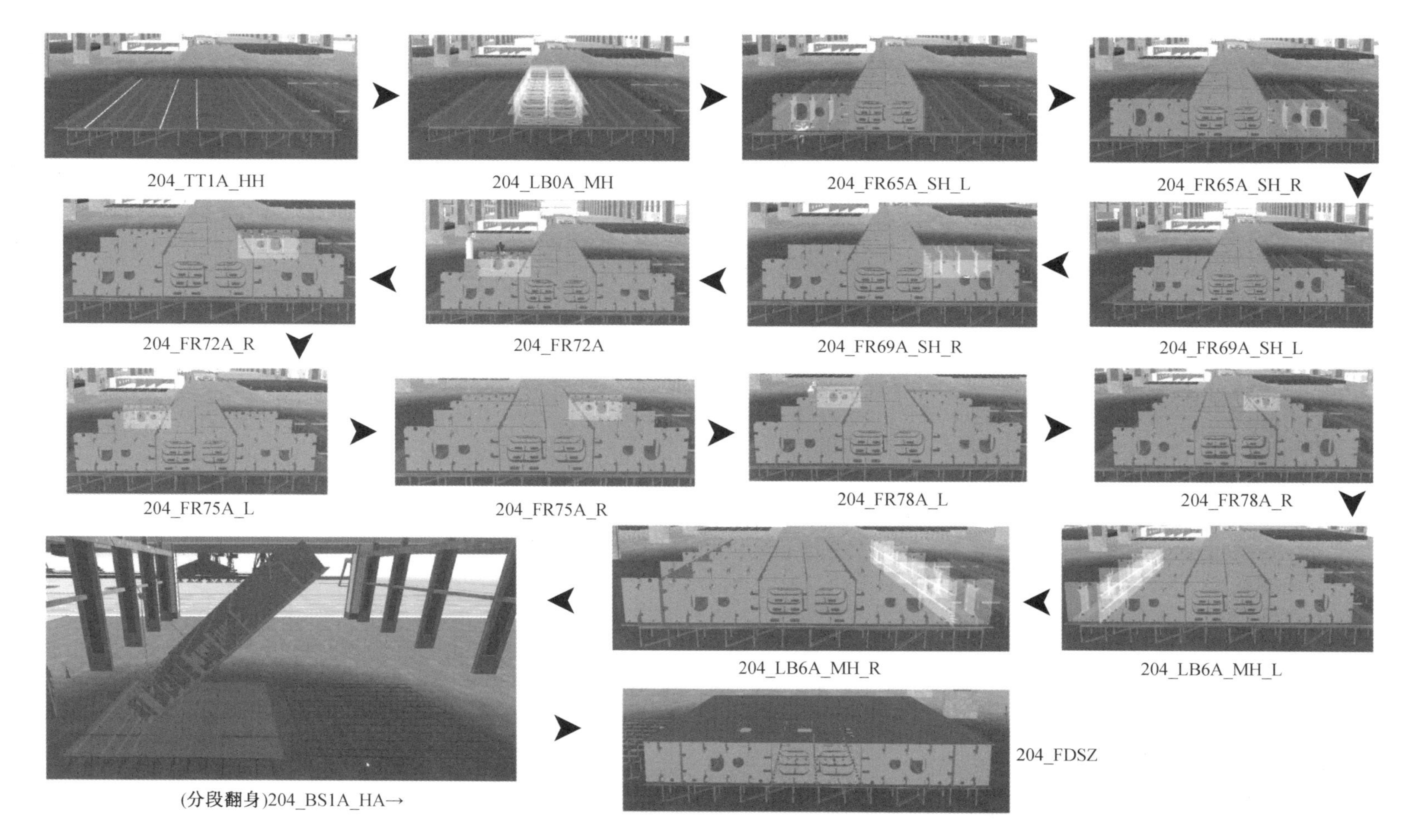

图 5.27　204 分段装配工艺虚拟仿真顺序图

(2)通过“分段建造”模块的虚拟仿真建造实训(或观看动画5.2),可知101分段的组立装配顺序是:____

____

____。

2. 进入船舶虚拟建造软件的“分段建造”模块,完成软件给出的“阳光万里号”散货船的203分段装配工艺训练(或观看动画5.3),并回答下面的问题。

动画5.3 203分段装配工艺

(1)将肋板组立204-FR65A-SH-R装配到内底板组立204-TT1A-HH上的过程中,工艺流程应是:定位→装配→________→________→火工矫正。

(2)通过“分段建造”模块的虚拟仿真建造实训(或观看动画5.3),可知203分段的组立装配顺序是:____

____

____

(3)下面描述正确的胎架画线步骤是 (　　)

A. 辅助线→胎架中心线→基准线→侧框线

B. 胎架中心线→基准线→侧框线→辅助线

C. 胎架中心线→侧框线→基准线→辅助线

D. 基准线→胎架中心线→侧框线→辅助线

3. 进入船舶虚拟建造软件的“分段建造”模块,完成软件给出的“阳光万里号”散货船的325分段装配工艺训练(或观看动画5.4),并回答下面的问题。

动画5.4 325分段装配工艺

(1)定位焊距分段合拢边缘最短距离为 (　　)

A. 100 mm

B. 500 mm

C. 300 mm

D. 600 mm

(2)通过“分段建造”模块的虚拟仿真建造实训(或观看动画5.4),可知325分段的组立装配顺序是:____

____

____。

(3)根据胎架图纸,对支柱式胎架的高度进行调整应该进行的必要步骤是 (　　)

A. 切割正确高度的套管

B. 更换相应高度的套管

C. 抬高套管到相应的高度,并插入插销,旋转其顶端头子做微调

D. 旋转套管到相应的高度,旋转其顶端头子做微调

4. 进入船舶虚拟建造软件的“分段建造”模块，完成软件给出的“阳光万里号”散货船的427分段装配工艺训练（或观看动画5.5），并回答下面的问题。

动画5.5　427分段装配工艺

（1）定位焊距分段合拢边缘最短距离为　（　　）

A. 100 mm

B. 500 mm

C. 300 mm

D. 600 mm

（2）通过“分段建造”模块的虚拟仿真建造实训（或观看动画5.5），可知427分段的组立装配顺序是：____

____。

（3）如图5.28（见书后插页）所示，根据427槽型舱壁胎架图纸，选择正确高度的支柱胎架（多选）　（　　）

A. 800 mm 支柱

B. 1 200 mm 支柱

C. 1 600 mm 支柱

D. 2 000 mm 支柱

E. 2 400 mm 支柱

（4）当胎架高度超过1.6 m时，我们应该采取下列哪项操作？　（　　）

A. 用拉杆对胎架进行连接，保证胎架稳固

B. 用绳子对胎架进行绑固，保证胎架稳固

C. 对胎架顶部进行焊接操作，保证胎架稳固

D. 更换更粗的套管，用铁链进行连接

5. 进入船舶虚拟建造软件的“分段建造”模块，完成软件给出的“阳光万里号”散货船的524分段装配工艺训练（或观看动画5.6），并回答下面的问题。

动画5.6　524分段装配工艺

（1）当焊接距离小于500 mm和焊接距离大于500 mm时应该分别使用什么焊机？　（　　）

A. 角焊机

B. 垂直气电焊机

C. 二氧化碳半自动焊机

D. 埋弧焊机

（2）通过“分段建造”模块的虚拟仿真建造实训（或观看动画5.6），可知524分段的组立装配顺序是：____

____。

6. 进入船舶虚拟建造软件的“分段建造”模块，完成软件给出的“阳光万里号”散货船的601 分段装配工艺训练（或观看动画 5.7），并回答下面的问题。

（1）如图 5.29 所示，根据 601 胎架图纸，选择正确高度的支柱胎架（单选）（　　）

A. 800 mm 支柱

B. 1 200 mm 支柱

C. 1 600 mm 支柱

D. 2 000 mm 支柱

E. 2 400 mm 支柱

动画 5.7　601 分段装配工艺

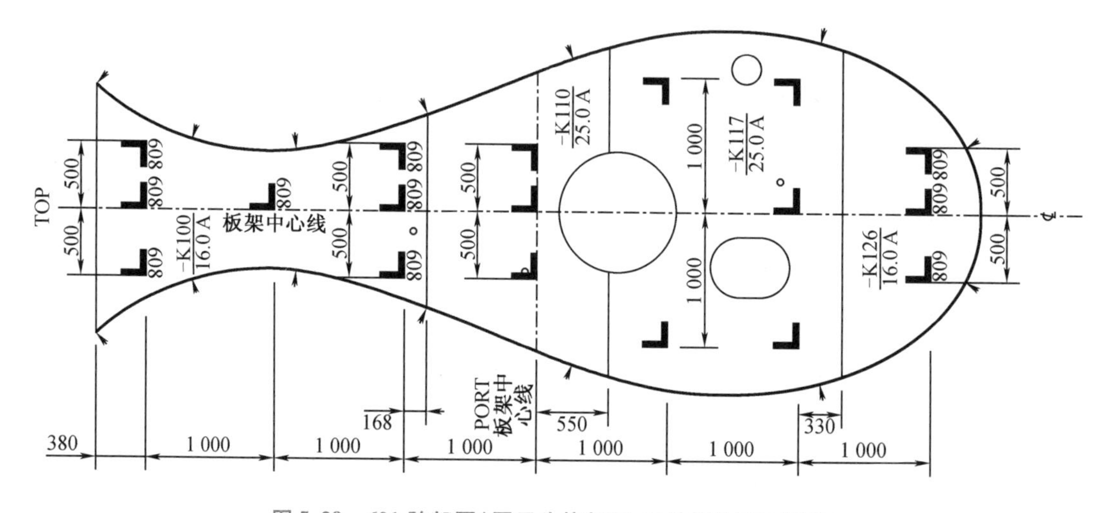

图 5.29　601 胎架图（图示为构架面，以肋板为基面侧造）

（2）通过“分段建造”模块的虚拟仿真建造实训（或观看动画 5.7），可知 601 分段的组立装配顺序是：________________________________。

二、思考题

现如今，分段建造的理念不仅应用于船舶与海洋工程装备的建造，也广泛应用于桥梁、铁路、高层建筑乃至隧道工程，并且越来越多的工程建筑物实现了先在厂房中智能制造再到现场去安装建造。简述分段建造和智能制造结合在一起给包括船舶在内的工程建筑物制造带来的优势。

思政视频5.2 港珠澳大桥——智能制造

实训任务 5.3 工作活页

一、实训步骤与记录

1. 底部分段总组的水平度检验步骤中,需要预备的设备是 ( )

A. 马板,引熄弧板,陶瓷衬垫,焊机

B. 马板,引熄弧板,陶瓷衬垫,焊机,切割机

C. 马板,陶瓷衬垫,焊机,切割机

D. 马板,引熄弧板,切割机

动画 5.8 船舶总组——底部分段总组

2. 底部分段总组的余量切割步骤中,需要使用的余量切割设备是 ( )

A. 手扶式切割机

B. 半自动火焰切割机

C. 等离子数控切割机

D. 以上答案都不对

3. 上层建筑总组的建造工艺顺序是:

答:水平度测量→____

____

____

____

____

____。

动画 5.9 船舶总组——上层建筑总组

4. 上层建筑总组的定位调整完成后,需要焊接前预备的有(多选题) ( )

A. 引熄弧板

B. 元宝铁

C. 陶瓷衬垫

D. 马板

二、思考题

龙门吊是船厂中最重要的建造装备之一,是大国重器。请上网搜索至少 2 个不同船厂的龙门吊,并查询到相关参数,同时收集操作龙门吊对应职业的相关信息,填写在下框中。

思政视频 5.3 “天鲲号”——码头总组

实训任务6.1 工作活页

一、实训步骤与记录

动画6.1　串联建造法

1. 船舶船坞搭载时,船体分(总)段的吊环布置要求有(多选题)　(　　)

A. 安装方向与受力方向一致

B. 保证船体尺度

C. 保证分段在船台装配时的位置和型线

D. 有支撑装置

E. 布置在分段的骨架交叉处

F. 与分段重心对称

2. 船台总装方式遵循的原则是(多选题)　(　　)

动画6.2　总段建造法

A. 有利平衡生产负荷

B. 提高效率

C. 缩短造船周期

D. 改善劳动条件

E. 以时间最短为目标

F. 以节约成本为目标

3. 船台的半宽线和船舶半宽线的位置关系是　(　　)

动画6.3　塔式建造法

A. 船台半宽线大于船舶半宽线

B. 船台半宽线等于船舶半宽线

C. 船台半宽线小于船舶半宽线

D. 以上答案都不对

4. 分(总)段的船台定位线和对合线的作用是(多选题)　(　　)

动画6.4　岛式建造法

A. 确定位置

B. 保证船体尺度

C. 保证分段在船台装配时的位置和型线

D. 支撑装置

E. 布置在分段的骨架交叉处

F. 与分段重心对称

二、思考题

船坞是船厂中最重要的建造装备,其大小直接决定了船厂能建造的船舶的大小。请上网搜索至少2个不同船厂的船坞,并查询到相关尺寸参数,同时收集该船厂所建造的大型船舶的主要尺度信息,填写在下框中。

视频 6.1 “蓝鲸号”——万吨起吊

实训任务7.1 工作活页

一、实训步骤与记录

1. 如图7.3所示的船舶下水场景中,即将被解开的两条缆绳是(多选题)　　(　　)

动画7.1　船坞下水

A. 艏缆　　B. 艏横缆

C. 艏倒缆　　D. 艉倒缆

E. 艉缆　　F. 艉横缆

图7.3　船坞下水拖船出坞

2. 在倾斜式(纵向钢珠滑道)下水准备工作中,图7.4中方框所示网筐的作用是　　(　　)

动画7.2　倾斜式(纵向钢珠滑道)下水

A. 防止滑板掉落

B. 收集船体下滑过程中产生的垃圾

C. 收集钢珠和保距器

D. 防止船体下滑

图 7.4　倾斜式（纵向钢珠滑道）下水准备工作

3. 气垫下水的地面用哪种材质最合适？其承压力是多少？（　　）

A. 沙石地面，大于使用气囊的工作压力的 4 倍以上

B. 沙石地面，大于使用气囊的工作压力的 2 倍以上

C. 水泥地面，大于使用气囊的工作压力的 4 倍以上

D. 水泥地面，大于使用气囊的工作压力的 2 倍以上

动画 7.3　气垫下水

4. 气囊使用前，应通过多少倍的许用压力进行空载充气检验？（　　）

A. 1.5 倍　　B. 2 倍

C. 4 倍　　D. 1.25 倍

5. 采用图 7.5 所示牵引式（横向机械滑道）下水方式的主要原因是（　　）

A. 下水所需的人力、物力更少

B. 下水方式更为安全

C. 下水操作更为便捷

D. 下水区域的宽度偏窄

动画 7.4　牵引式（横向机械滑道）下水

图 7.5　牵引式(横向机械滑道)下水

二、思考题

将中国建设成世界造船强国,是中国造船企业不容推卸的历史使命。请上网搜索至少1家我国大型船厂的实力和经营情况,简述其近况,并展望我国船舶行业的未来发展,填写在下框中。

思政视频 7.1　中国企业的全球化故事——中远川崎